绿野山珍
菌类菜

张刚 编著

甘肃科学技术出版社

图书在版编目（CIP）数据

绿野山珍菌类菜 / 张刚编著. -- 兰州：甘肃科学
技术出版社，2017.10
　　ISBN 978-7-5424-2433-4

　　Ⅰ．①绿… Ⅱ．①张… Ⅲ．①食用菌类－菜谱 Ⅳ.
①TS972.123

中国版本图书馆CIP数据核字(2017)第238171号

绿野山珍菌类菜
LVYE SHANZHEN JUNLEI CAI

张刚　编著

出 版 人　王永生
责任编辑　黄培武
封面设计　深圳市金版文化发展股份有限公司

出　版　甘肃科学技术出版社
社　址　兰州市读者大道568号　730030
网　址　www.gskejipress.com
电　话　0931-8773238（编辑部）　0931-8773237（发行部）
京东官方旗舰店　http://mall.jd.com/index-655807.html

发　行　甘肃科学技术出版社　　印　刷　深圳市雅佳图印刷有限公司
开　本　720mm×1016mm　1/16　印　张　15　字　数　300千字
版　次　2018年1月第1版　　　印　次　2018年1月第1次印刷
印　数　1～5000
书　号　ISBN 978-7-5424-2433-4
定　价　39.80元

什么是菌菇？

著名健康专家洪昭光教授在最新健康饮食观念中提到，合理膳食的六个字就是"一荤、一素、一菇"，将菌菇类食品对于健康的重要性提到了一个前所未有的新高度。在回归自然饮食观念的今天，人们在不懈地探求健康食品。有关专家研究认为，在迄今已知食品中，菌菇类从营养和保健观点来看，将可能成为21世纪人类健康食品的重要来源。

那么什么是菌？其实菌就是"真菌"。与植物这种进行光合作用制造养料的"生产者"不同，菌类完全依靠分泌消化酶将腐木、土壤、落叶、粪便、动物尸体等各种生长基质在体外进行分解消化，吸收养分到体内，在整个生态系统中扮演"分解者"的角色。在显微镜下的菌类，有着许多被称之为菌丝的纤维交错盘绕，只要养分和环境条件适合，这些菌丝就能不断生长，逐渐扩展疆土。在大多数时间，野菌都是以无数菌丝聚合形成的菌丝体藏于地下或腐木等基质当中，等到环境条件适合（通常是温度、湿度达到一定程度）才会"发菇"，也就是冒出一个个蘑菇来。

Preface

  菇类是菌体最大、最高等的真菌，能供人类食用的不下百余种，人工栽培的品种也日益增多。人们比较熟悉的食用菌和珍贵药用菌有蘑菇、香菇、草菇、平菇、金针菇、木耳、银耳、猴头菇、松茸、鸡枞、牛肝菌、虫草等。今天，提倡吃菌菇，首先，当然是因为它独特的营养价值。菇类食品的营养保健作用优于普通食品，介于普通食品与药物之间。

  菌菇类食物的脂肪含量相当低，卡路里含量有的每100克仅含10~30卡，热量比胡萝卜还低。整体来说，这些不同种类的菌菇食品都含有人体必需却又不能自行合成的8种氨基酸；大大高于普通蔬菜含量的蛋白质；能提高机体免疫功能的单糖、双糖、抗癌因子多糖体等碳水化合物；丰富的维生素，特别是B族维生素、维生素C和维生素D的含量较高；钾、磷、钙、镁、铁、锌、铜、硒、铬等矿物质含量较多。所以说它营养丰富，具有抗肿瘤、抗病毒、免疫调节、降血脂及保肝等多种药理作用。不过需要注意的是，有痛风倾向的人，因为菌菇中含有"普林"成分，会使病情加重，所以不宜食用。

  同时，菌菇类因为含有丰富的能提供鲜味的鸟苷酸和蛋白质，所以它们不仅自身的口味鲜美，还能用它们烹制出美妙绝伦的鲜汤来。

  营养丰富，口味鲜美；既饱口福，更利健康。这就是今天我们说菌的理由，也是本书出版的理由。当然，在本书中，我们还会详细介绍可食的（记住，不是每一种菌菇都是可食的，在自然界中，还有许多毒蘑菇）、不同菌菇的具体营养价值和科学、美味的吃法。力争让广大读者以正确的打开方式，走进健康美食的新天地。

CONTENTS

目录

Part 3 热菜篇

Part 1

基础篇

绿野山珍吃什么？

山珍历来被视为美食，是产自山野的名贵珍稀食品，是食物中的精品部分，主要包括各种食用菌、竹笋、蕨菜等。

平菇

平菇，又名侧耳、糙皮侧耳、蚝菇、黑牡丹菇，台湾又称秀珍菇，是一种相当常见的灰色食用菇。

平菇含丰富的营养物质。常食平菇，不仅能起到改善人体的新陈代谢、调节植物神经的作用，而且对减少人体血清胆固醇、降低血压和防治肝炎、胃溃疡、十二指肠溃疡、高血压等有明显的效果。

鸡枞菌是食用菌中的珍品之一，因其内部纤维结构、色泽状似鸡肉，加之食用时又有鸡肉的特殊香味，故得名鸡枞。菌肉厚肥硕，质细丝白，味道鲜甜香脆。无论炒、炸、腌、煎、拌、烩、烤、焖，清蒸或做汤，其滋味都很鲜，为菌中之冠。仅西南、东南几省及台湾的一些地区出产，四川攀西地区6~8月较多野生鸡枞菌。

鸡枞菌

鸡枞菌含人体所必须的氨基酸、蛋白质、脂肪、维生素和钙、磷、核黄酸等物质。常食鸡枞菌还能提高机体免疫力，抵制癌细胞，降低血糖。鸡枞菌具有较高的药用价值，现代医学研究发现，鸡枞中含有治疗糖尿病的有效成分，对降低血糖有明显的效果。

猪肚菇

猪肚菇，学名大杯蕈，又名笋菇，是一种较常见的野生食用菌，成群地生长在林中地上。因其风味独特，有似竹笋般的清脆，猪肚般的滑腻，因而被称为"笋菇"和"猪肚菇"。

猪肚菇是一种高蛋白、低脂肪，集营养、保健、理疗于一身的纯天然保健食品，含丰富的蛋白质、糖分、维生素和铁、钙等矿物质。对肾虚、尿频、水肿有独特疗效，对抗癌、降压、防衰有较理想的辅助治疗功能。

金针菇，又称构菌、朴菇、冬菇、朴菰、冻菌、金菇等，因其菌柄细长，似金针菜，故称金针菇。口感细腻、嫩滑，既是一种美味食品，又是较好的保健食品。有淡黄色和白色二种，黄色品种称金针菇，白色品种称银针菇。

因为金针菇的赖氨酸和精氨酸含量相当丰富，且含锌量比较高，有促进儿童智力发育和健脑的作用，所以也叫"智力菇"，特别适合儿童食用。有促进体内新陈代谢、抵抗疲劳、抗菌消炎、清除重金属盐类物质、降三高、预防肝脏疾病和胃肠道溃疡的作用。

香菇

香菇，又名花菇、香蕈、香信、香菌、冬菇、香菰，是一种生长在木材上的真菌，是世界第二大食用菌，也是我国特产之一，在民间素有"山珍"之称。其味道鲜美，香气沁人，营养丰富。

香菇，又被称为"植物皇后"，它是高蛋白、低脂肪食物的典型代表，有降低胆固醇、降血压的作用，是天然的降压剂，特别适合血压偏高的人食用。研究表明，高血压的人如果每天饮用一杯香菇汁，能有明显的降压效果。

金针菇

黑木耳状如耳朵，呈胶质片状，新鲜的木耳半透明，侧生在树木上，耳片直径5~10厘米，有弹性，腹面平滑下凹，边缘略上卷，背面凸起，并有极细的茸毛，呈黑褐色或茶褐色。干燥后收缩为角质状，硬而脆，背面暗灰色或灰白色；入水后膨胀，可恢复原状，柔软而半透明，表面附有滑润的黏液。

黑木耳中铁、钙、磷和各种维生素的含量极为丰富，故常吃木耳能养血驻颜，令人肌肤红润，容光焕发，防治缺铁性贫血；还能减少血液凝块，预防血栓症的发生，有防治动脉硬化和冠心病的作用。

黑木耳

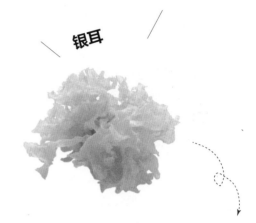

银耳

银耳由许多薄而多皱褶的扁平形瓣片组成，一般呈菊花状或鸡冠状，柔软洁白，半透明，富有弹性。银耳含有较多的胶质，能吸收大量水分，干燥后强烈收敛呈角质状，硬而脆，呈白色或米黄色，吸水后又能恢复原状。质量上乘者称雪耳。我国以四川通江银耳、福建漳州雪耳最为著名。

银耳富含天然植物性胶质、多种维生素和氨基酸及多糖，具有滋阴作用，长期服用可以润肤，有祛除脸部黄褐斑、雀斑的功效；银耳中含有一种重要的有机磷，具有消除肌肉疲劳的功能；银耳能提高肝脏解毒能力，起保肝护肝的作用，对老年慢性支气管炎、肺原性心脏病有一定疗效。

茶树菇，是一种食药用菌，菌盖细嫩、柄脆、味纯香、鲜美可口，因野生于油茶树的枯干上得名。菇体多单根，菇盖小，菌柄白色，菌盖褐色，菇盖边缘平展形似一把长柄雨伞。其营养价值超过香菇等其他食用菌，属高档食用菌类。

茶树菇营养价值极高，含有蛋白质、氨基酸、B族维生素和钾、钠、钙、镁、铁、锌等矿物质元素。有促进脂肪代谢、治腰酸痛、止泻、抗肿瘤作用，能补肾滋阴、健脾胃、提高人体免疫力及提高防病能力，是高血压、心血管和肥胖症患者的理想食品。

茶树菇

花菇

花菇是菌中之星，是香菇中的上品，素有"山珍"之称，它以朵大、菇厚、含水量低、保存期长而享誉海内外。花菇的顶面呈现淡黑色，菇纹开暴花，白色，菇底呈淡黄色。花菇因顶面有花纹而得名。天气越冷，花菇的产量越高，质量也越好，肉厚、细嫩、鲜美，食之有爽口感。

花菇含有丰富的蛋白质和氨基酸、脂肪、粗纤维和维生素B_1、维生素B_2、维生素C、烟酸、钙、磷、铁等。花菇历来被中国人民作为延年益寿的补品。具有调节人体新陈代谢、帮助消化、降低血压、减少胆固醇、预防肝硬变、消除胆结石、防治佝偻病等功效。

草菇又名兰花菇、苞脚菇，因常常生长在潮湿腐烂的稻草中而得名，是一种重要的热带亚热带菇类，是世界上第三大栽培食用菌。肥大、肉厚、柄短、爽滑，味道极美。300年前我国已开始人工栽培，在20世纪约30年代由华侨传入世界各国。

草菇营养丰富，味道鲜美，含有蛋白质、脂肪、多种维生素、氨基酸和磷、钾、钙等矿物质。能消食祛热、补脾益气、清暑热、滋阴壮阳、增加乳汁、防止坏血病、促进创伤愈合、护肝健胃、增强人体免疫力，是优良的食药兼用型的营养保健食品。

草菇

白灵菇

白灵菇，又名翅鲍菇、百灵芝菇、雪山灵芝、鲍鱼菇，是一种食用和药用价值都很高的珍稀食用菌，以形似灵芝而得名。其菇体色泽洁白、肉质细腻、味道鲜美，被誉为"草原上的牛肝菌"。

白灵菇营养丰富，含有蛋白质、氨基酸、多种维生素和矿物质等营养成分。白灵菇具有一定的医药价值，有消积、杀虫、镇咳、消炎和防治妇科阴道肿瘤等功效。白灵菇的药用价值很高，它含有真菌多糖和维生素等生理活性物质及多种矿物质，具有调节人体生理平衡、增强人体免疫功能的作用。

松茸

松茸，学名松口蘑，别名松蕈、合菌、台菌，是松、栎等树木外生的菌根真菌，具有独特的浓郁香味，是世界上珍稀名贵的天然药用菌。有特别的浓香，口感如鲍鱼，极润滑爽口。四川、西藏、云南等青藏高原一带是我国松茸的主要产地。

松茸含有18种氨基酸、14种人体必需微量元素、49种活性营养物质、5种不饱和脂肪酸、8种维生素、2种糖蛋白、丰富的膳食纤维和多种活性酶。具有提高免疫力、滋阴补肾、抗癌抗肿瘤、治疗糖尿病及心血管疾病、抗衰老养颜、促肠胃保肝脏等多种功效。

猴头菇新鲜时呈白色，干后为浅黄至浅褐色，远远望去似金丝猴头，故名猴头菇。其菌肉鲜嫩，香醇可口，有"山珍猴头、素中之荤"的美称，是四大名菜（猴头、熊掌、海参、鱼翅）之一。

猴头菇有非常好的滋补作用，对胃肠不好和有哮喘的病人非常适用，它可以安眠平喘、修复平滑肌，猴头菇中含有多种氨基酸和丰富的多糖体，能助消化，对胃炎、胃癌、食道癌、胃溃疡、十二指肠溃疡等消化道疾病的疗效令人瞩目。猴头菇对预防和治疗消化道癌症和其他恶性肿瘤，调节血压血脂，也有良好的作用。

猴头菇

榛蘑主要分布在黑龙江山区林区，被称为"山珍""东北第四宝"。榛蘑滑嫩爽口、味道鲜美、营养丰富。榛蘑呈伞形，淡土黄色，老后为棕褐色。7~8月生长在针阔叶树的干基部，代根、倒木及埋在土中的枝条上。一般多生在浅山区的榛柴岗上，故而得名"榛蘑"。榛蘑是中国东北特有的山珍之一，和肉蘑一样，也是极少数不能人工培育的食用菌之一。

榛蘑

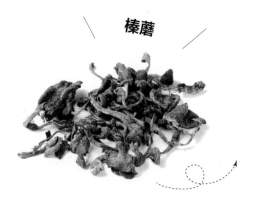

榛蘑本身富含油脂，使所含的脂溶性维生素更易为人体所吸收，对体弱、病后虚羸、易饥饿的人都有很好的补养作用。榛蘑的维生素E含量高达36%，能有效地延缓衰老，有防治血管硬化、润泽肌肤的功效。榛蘑里包含着抗癌化学成分紫杉酚，可以治疗卵巢癌和乳腺癌以及其他一些癌症，可延长病人的生命期。

虫草花是近几年人工培育成功的新品种，单根为橘黄色，长约3~8厘米的棒状，内实心，丛生，没有采摘的时候形似盛开的花朵，故名虫草花。虫草花最大的特点是没有"虫体"，只有橙色或者黄色的"草"。虫草花有虫草的药效，却不像虫草贵，口感脆爽，是日常生活中煲汤、凉拌的一道好菜。

虫草花内含有大量的对人体有益的营养物质，如虫草素（3'-脱氧腺苷），能抗病毒、抗菌、明显抑制肿瘤生长、干扰人体 RNA 及 DNA 合成；虫草酸（D-甘露醇），预防治疗脑血栓、脑溢血、肾功能衰竭；腺苷，抗病毒、抗菌，预防治疗脑血栓、脑溢血，抑制血小板积聚防止血栓形成，消除面斑，抗衰防皱；虫草多糖，提高免疫力，延缓衰老，扶正固本，保护心脏、肝脏，抗痉挛。

虫草花

口蘑是生长在蒙古草原上的一种白色伞菌，属野生蘑菇，一般生长在有羊骨或羊粪的地方。由于产量不大，需求量大，所以价格昂贵，目前仍然是中国市场上最为昂贵的一种蘑菇。口蘑味道鲜美，口感细腻软滑，十分适口，既可炒食，又可焯水凉拌，且形状规整好看，是人们最喜爱的蘑菇之一。

口蘑富含微量元素硒的口蘑是良好的补硒食品，喝下口蘑汤数小时后，血液中的硒含量和血红蛋白数量就会增加，并且血中谷胱甘肽过氧化酶的活性会显著增强，它能够防止过氧化物损害机体，降低因缺硒引起的血压升高和血黏度增加，调节甲状腺的工作，提高免疫力。

鸡腿菇

鸡腿菇菌柄粗壮色白，形如鸡腿，肉质肥嫩，因清香味美又似鸡丝而得名。一般以未开伞即食用，炒食、炖食、煲汤均久煮不烂，口感滑嫩，清香味美，非常受市场欢迎。在德国、荷兰等国大量栽培，我国黑龙江、吉林栽培较多。

鸡腿菇干品中，含有蛋白质、脂肪、总糖、纤维，还含有钾、钠、钙、镁等多种元素。鸡腿菇含有20种氨基酸，人体必需氨基酸8种齐全。鸡腿菇最适合糖尿病人食用，因为鸡腿菇里含有多种具有调节功能的维生素和矿物质元素，参与体内糖代谢，有降低血糖的作用，并能调节血脂。鸡腿菇之所以适合糖尿病人食用，还因为它能预防糖尿病的并发症——动脉硬化。

口蘑

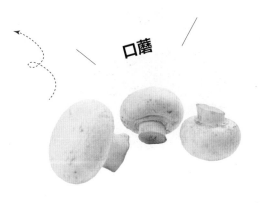

灵芝

灵芝又称灵芝草，是多孔菌科植物赤芝或紫芝的全株，我国江西分布最广。灵芝菌盖肾形、半圆形或近圆形，菌盖皮壳坚硬，黄褐色到红褐色，有光泽，具环状棱纹和辐射状皱纹，边缘薄而平截，稍内卷；菌肉白色至淡棕色；孢子细小；菌柄黄褐色，圆柱形，侧生，与菌盖基本同色；气微香，味苦涩。分为青芝、赤芝、黄芝、白芝、黑芝、紫芝、云芝等。

灵芝多糖是灵芝的主要有效成分之一，具有抗肿瘤、免疫调节、降血糖、抗氧化、降血脂与抗衰老作用。灵芝作为拥有数千年药用历史的中国传统珍贵中药材，具有很高的药用价值，在增强人体免疫力，调节血糖，控制血压，辅助肿瘤放化疗，保肝护肝，促进睡眠，心脑血管系统保护，抗衰老、抗神经衰弱等方面均具有显著疗效。

蟹味菇侧向生长时菌柄偏生，白色，阔卵形至近球形。味比平菇鲜，肉比滑菇厚，质比香菇韧，口感极佳，还具有独特的蟹香味。目前栽培的有浅灰色和纯白色二个品系，白色品系又称白玉菇、海鲜菇；灰色品种称蟹味菇、真姬菇。

蟹味菇含有丰富维生素和17种氨基酸，其中赖氨酸、精氨酸的含量高于一般菌类，有助于青少年益智，增强抵抗力。特别是子实体的提取物具有多种生理活性成分。其中真菌多糖、嘌呤、腺苷能增强免疫力，促进抗体形成抗氧化成分，能延缓衰老、美容等。

蟹味菇

羊肚菌，又名羊肚菜、羊蘑。子实体较小或中等，菌盖不规则圆形或长圆形。表面形成许多凹坑，似羊肚状，淡黄褐色，柄白色，有浅纵沟，基部稍膨大，生长于阔叶林地上及路旁，味道非常鲜美，是世界"四大野生名菌"之一。

羊肚菌

羊肚菌含有抑制肿瘤的多糖、抗菌及抗病毒活性成分，具有增强机体免疫力、抗疲劳、抗病毒、抑制肿瘤等诸多作用；日本科学家发现羊肚菌提取液中含有酪氨酸酶抑制剂，可以有效地抑制脂褐质的形成；羊肚菌所含丰富的硒是人体红细胞谷胱甘肽过氧化酶的组成成分，可运输大量氧分子来抑制恶性肿瘤，使癌细胞失活；能加强维生素E的抗氧化作用。

杏鲍菇

滑子菇又名珍珠菇、滑菇、光帽鳞伞，原产于日本，因其表面附有一层黏液，食用时滑润可口而得名。是一种冬、春季萌发的菌盖黏滑的木腐菌，为主要人工栽培食用菌之一。多生长于壳斗科等阔叶树的倒木或树桩上，松木或未完全死亡的阔叶树干上也能生长。

滑子菇含有粗蛋白、脂肪、碳水化合物、粗纤维、灰分、钙、磷、铁、B族维生素、维生素C、烟酸和人体所必需的各种氨基酸。味道鲜美，营养丰富，是汤料的美好添加品。而且附着在滑菇菌伞表面的黏性物质是一种核酸，对保持人体的精力和脑力大有益处，并且还有抑制肿瘤的作用。

杏鲍菇是近年来开发成功的集药用、食疗于一体的珍稀食用菌新品种。杏鲍菇以质地脆嫩、菌肉肥厚似鲍鱼而得名。杏鲍菇以食用菌柄为主，我们看到的白色粗壮部分就是杏鲍菇的菌柄，具有杏仁香味和鲍鱼的口感。有杆状和保龄球状两种菇形，杏鲍菇脆滑、爽口，适合烧、炖、炒食、火锅、制作西餐等，深得人们的喜爱。

杏鲍菇蛋白质含量丰富，能有效提高人体免疫力，增强机体对外界不良因素侵袭的抵抗力，强身健体，是体弱人群和亚健康人群的理想营养品；杏鲍菇富含膳食纤维，经常食用，可以有效清除血清胆固醇，降低血脂，防治动脉硬化等心血管疾病，还能有效地促进肠胃蠕动，能帮助便秘患者润肠通便，排除体内毒素，进而保持皮肤光泽、改善肤色暗沉的状况，驻颜护肤。

滑子菇

老人头菌，又名仙人头，老人头生长在海拔1200米以上，松杉木、油杉等针叶林中阴湿疏松的地上，稀有阳光照射且有落叶覆盖的缓坡上更为常见。老人头菌肉质细腻糯滑，富有弹性且滋味鲜美，可与鲍鱼媲美，故又被誉为"植物鲍鱼"。

老人头菌含有丰富的蛋白质、氨基酸和多种矿物质及维生素，尤其是氨基酸品种比较齐全，还富含年轻态因子。其味辛、性温、微酸，可治心脾暴病，有补脾益肾、滋阴壮阳、理气排毒、健骨强身之功效，还可治气血两亏、神疲乏力、腰膝酸软、面色无华等中老年易得之症。

老人头菌

牛肝菌菌盖扁半球形，光滑、不黏，菌肉白色，有酱香味，菌体较大，肉肥厚，柄粗壮，其味香甜可口，营养丰富，是一种世界性著名食用菌。现有的牛肝菌大致分为5种：白牛肝、黄牛肝、黑牛肝、红乳牛肝和紫牛肝等。白牛肝也称美味牛肝菌，以鲜味浓郁著称；黄牛肝别名红葱、白葱、黄念头，以颜色鲜艳、香味浓郁为特点；红牛肝也叫红乳牛肝，香味不明显，但比较爽滑；黑牛肝香味最为浓郁；紫牛肝味道较为鲜美。

牛肝菌

牛肝菌富含蛋白质、碳水化合物、维生素及钙、磷、铁等矿物质。有强身健体的功能，特别对糖尿病有很好的疗效；牛肝菌的水提物对艾氏腹水癌的抑制率为90%，还有抗流感病毒、防治感冒的作用，是我国远销欧美的著名食用菌；还具有清热解烦、养血和中、追风散寒、舒筋活血、补虚提神等功效，是中成药"舒筋丸"的原料之一，又是妇科良药，可治妇女白带症及不孕症。经常食用牛肝菌可明显增强机体免疫力，改善机体微循环。

灰树花俗称"舞菇"，是食、药兼用蕈菌，夏秋间常野生于栗树周围。子实体肉质，柄短呈珊瑚状分枝，重叠成丛，其肉质脆嫩爽口，百吃不厌。灰树花具有松蕈样芳香，肉质柔嫩，味如鸡丝，脆似玉兰。

灰树花

灰树花营养较高且丰富，所含氨基酸、蛋白质比香菇高出一倍，具有防癌、抗癌及提高人体免疫功能的作用，对肝硬化、糖尿病、水肿、脚气病、小便不利等症疗效显著。常食用能补身健体，益寿延年；灰树花的萃取物有抵抗艾滋病病毒，治疗乳腺癌、肺癌、肝癌，缓解疼痛的功效。

黑虎掌菌是著名的出口食用菌之一。菌帽肉质肥厚、香气浓郁，新鲜时为灰白色或灰褐色，干后变成暗灰白或灰褐色，形如虎爪，下表面长满一层纤细的灰白色刺状茸毛，菌柄粗壮多中空。我国仅有西南部分地区出产。

黑虎掌菌

黑虎掌菌干品含17种氨基酸，其中有占总量41.46%的7种人体必需氨基酸，以及11种矿物质。该菌性平味甘，有追风散寒、舒筋活血之功效，民间也用其作壮阳之用，有降低血中胆固醇的作用。

竹荪

竹荪，又名竹参、面纱菌、网纱菌、竹姑娘。菌盖生于柄顶端呈钟形，盖表凹凸不平呈网格；盖下有白色网状菌幕，下垂如裙。一般分为长裙竹荪和短裙竹荪。以福建三明、南平以及云南昭通、贵州织金的竹荪最为闻名。

竹荪营养丰富，干竹荪中含蛋白质、脂肪、碳水化合物、菌类多糖、粗纤维。含有19种氨基酸，包括人体必需的8种氨基酸，可补充人体必需的营养物质，提高机体的免疫抗病能力，对高血压、神经衰弱、肠胃疾病等具有保健作用；竹荪具有滋补强壮、益气补脑、宁神健体的功效；补气养阴，润肺止咳，清热利湿；竹荪能够保护肝脏，减少腹壁脂肪的积存；竹荪中含有能抑制肿瘤的成分，还具有特异的防腐功能。

松露子实体块状，别名地菌、块菌、猪拱菌、拱菌。小者如核桃，大者如拳头。幼时内部白色，质地均匀，成熟后变成深黑色，具有色泽较浅的大脑状纹理。由于松露对生长环境非常挑剔，只要阳光、水量或土壤的酸碱值稍有变化就无法生长，这也是松露非常稀有的缘故。现今发现的松露有30多种，其中白松露、黑松露最美味。

松露含有丰富的蛋白质、18种氨基酸、不饱和脂肪酸、多种维生素以及锌、锰、铁、钙、磷、硒等矿物质，还有鞘脂类、脑苷脂、神经酰胺、三萜、雄性酮、腺苷、松露酸、甾醇、松露多糖、松露多肽等大量的代谢产物，具有极高的营养保健价值。

松露子

白玉菇

白玉菇别称白雪菇，是一种珍稀食用菌。通体洁白，晶莹剔透，给人以全新的视觉效果；在口感表现上更为优越，菇体脆嫩鲜滑，清甜可口。

白玉菇蛋白质含量较一般蔬菜更高，必需氨基酸比例合适，还有多种微量元素，且含有大量多糖和各种维生素，经常食用会改善人体的新陈代谢，降低胆固醇含量。营养丰富，为起到良好的保健作用应长期食用。

侧耳，一种秋、冬、春广泛发生于阔叶树枯干上的食用菌，为世界上主要人工栽培食用菌之一。冬春季在阔叶树腐林上呈覆瓦状丛生。分布在中国大部分地区及日本和欧洲、北美洲的一些国家。菌核及其子实体均可食用，也可入药，开发前景较好。

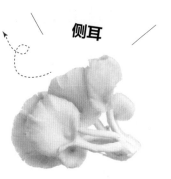

侧耳

侧耳营养丰富，每100克干菇含粗蛋白19.5克(含纯蛋白11克)、粗脂肪3.8克、碳水化合物50.2克，粗纤维6.2克，钙、磷、铁等矿物质元素和维生素B$_1$、维生素B$_2$、维生素C、维生素D原等维生素含量也很丰富。侧耳另含有人体必需的8种氨基酸，即异亮氨酸、亮氨酸、色氨酸、苯丙氨酸、苏氨酸、缬氨酸、蛋氨酸等。抗癌试验表明，子实体水提取液对小白鼠肉瘤S-180的抑制率是75%，对艾氏癌的抑制率为60%。作为中药用于治腰酸腿疼痛、手足麻木、筋络不适。

珊瑚菌

珊瑚菌又名"扫帚菌"；该菌体形俊俏，色泽秀美。珊瑚菌科各属含有不少质地脆嫩、别具风味的食用菌，是我国野生食菌资源中不可忽视的组成部分。分布于东北、华北，浙南丽水山区以及云贵高原。中医认为珊瑚菌具有补钙、镇静、防止人体钙流失、强劲壮骨、养血安神的食补功效。现代科学也认为珊瑚菌可防治手脚抽筋、颤抖，能促进肌体健康，延缓衰老。常食能美容皮肤、提高肌体免疫力。民间常用来医治胃痛、宿食不化和风痛等症。

珊瑚菌在世界很有名气，被称为野生之花，鲜甜爽口。含有亮氨酸、异亮氨酸、苯丙氨酸、缬氨酸、酪氨酸、脯氨酸、甘氨酸、丝氨酸、谷氨酸、天门冬氨酸、精氨酸、组氨酸、苏氨酸等15种氨基酸，其中有6种人体必需氨基酸。还可以用药，具有和胃理气、祛风、破血缓中等作用，对小白鼠肉瘤S-180、艾氏癌的抑制率为70%。珊瑚菌口感香脆，可以与各种荤素食品原料相搭配，既可炒、烩、爆、炸、熘，也可煮、拌、烧、煨、蒸、瓢、炖等。特别提示：先将干品反复多次洗净泥沙，再放入清水中浸泡20分钟待用。浸泡过的水可用来做汤或炒菜。菌内含异性蛋白质，食用蛋类、乳类、海鲜过敏者慎食！

Part 2

凉菜篇

HONGYOUBANZAJUN

红油拌杂菌

主辅料

白玉菇、鲜香菇、
杏鲍菇、平菇、
蒜泥、葱花。

调料

盐、鸡粉、胡椒
粉、料酒、生抽、
辣椒油、花椒油
各适量。

做法

1. 将洗净的香菇切开，再切小块；洗好
   的杏鲍菇切开，再切片，改切成条形，
   备用。
2. 锅中注入适量清水烧开，倒入切好的
   杏鲍菇，拌匀，用大火煮约1分钟，
   放入香菇块，拌匀，淋入少许料酒。
3. 倒入洗好的平菇、白玉菇，拌匀，煮
   至断生，关火后捞出材料，沥干水分，
   待用。
4. 取一个大碗，倒入焯熟的食材，加盐、
   生抽、鸡粉、胡椒粉，撒上蒜泥，淋入
   辣椒油、花椒油，再放入葱花，搅拌均
   匀至食材入味。

特点

麻辣鲜香，清热
解毒。

- - - - - - - - - - - - - -

操作要领：菌类焯
至断生即可。

14

凉拌鸡枞菌

 主辅料

干鸡枞菌、葱段、
干辣椒、葱花。

调料

花椒、八角、盐、
白糖、白芝麻、
辣椒粉各适量。

做法

1. 将干鸡枞菌用温水泡发，洗净
沥干。
2. 大火起锅放油，油炼制熟后关
火降温，待油温约五成热时，
开小火放入葱段、干辣椒、花
椒、八角，小火慢炸至干辣椒
略微发黑。
3. 捞出调料后，放入鸡枞菌慢火
炸干水分，捞出沥干，炸干的
菌丝中加入盐、白糖调味，放
入白芝麻、辣椒粉拌匀后装盘
撒上葱花。

特点

鸡枞菌肉质细
嫩爽口。

- - - - - - - - - -

操作要领：鸡枞
菌一定要炸干。

15

香卤猴头菇

 主辅料

水发猴头菇、枸杞、姜片各适量。

 调料

八角、桂皮、生抽、盐、鸡粉、白糖、料酒、鸡汁、水淀粉、老抽、食用油各适量。

做法

1. 洗好的猴头菇切成片，备用。
2. 用油起锅，放入姜片、八角、桂皮，炒香，加入适量清水、生抽、盐、鸡粉、白糖、料酒、鸡汁、老抽，拌匀，煮至沸。放入切好的猴头菇，盖上盖，用小火卤 20 分钟，至食材入味。
3. 揭开盖子，用大火收汁，淋入适量水淀粉，快速翻炒均匀。关火后盛出炒好的食材，装入盘中，放凉即可。

红油拌秀珍菇

 主辅料

秀珍菇、葱花、蒜泥。

 调料

盐、鸡粉、白糖、生抽、陈醋、辣椒油各适量。

做法

1. 锅中注水烧开，倒入秀珍菇，煮至断生，捞出，沥干水分。
2. 取一碗，倒入秀珍菇、蒜泥、葱花。
3. 加盐、鸡粉、白糖、生抽、陈醋、辣椒油。
4. 用筷子拌匀，装入备好的盘中即可。

HONGYOUGUIZHENGU
红油桂珍菇

主辅料

桂珍菇、葱花。

调料

红油、盐、味精
各适量。

做法

1. 桂珍菇洗净，放入沸水中焯烫
   后捞出，盛入盆内。
2. 盆内加入红油、葱花、盐、味
   精一起拌匀。
3. 将拌好的桂珍菇装盘即可。

特点

香辣开胃，提
神健脑，适合
儿童食用。

- - - - - - - - - - - -

操作要领：桂珍
菇不要久煮。

LIANGBANPINGGU

凉拌平菇

主辅料

平菇、香菜、蒜泥、红椒圈。

调料

盐、味精、鸡精、捞拌汁、芝麻油、辣椒油各适量。

做法

1. 平菇洗净切小瓣；香菜洗净切小段。
2. 锅中注入水烧沸，倒入平菇瓣煮熟，捞出。
3. 放入碗中，放入香菜段、蒜泥。
4. 淋入捞拌汁，加入适量盐、味精、鸡精调味。
5. 倒入芝麻油、辣椒油，拌匀至入味。
6. 撒上红椒圈，拌匀，装入盘中即成。

特点

平菇鲜嫩爽口，色红油亮。

- - - - - - - - - - - - - - - -

操作要领：新鲜的平菇炒时出水较多，易被炒老，所以烹制时须掌握好火候。

PAOJIAOZHUDUGU

泡椒猪肚菇

 主辅料

鲜猪肚菇、泡红
辣椒。

调料

泡辣椒盐水、白糖、
醪糟、红糖、白酒、
白菌各适量。

做法

1. 猪肚菇洗净，掰块，焯熟。
2. 将泡辣椒盐水、白糖、醪糟、
   红糖、白酒、白菌和泡红辣椒
   放在同一盆内调匀，装入坛内，
   加入猪肚菇，盖上坛盖，泡制
   1~2 天即可食用。

特点

酸辣开胃，排
毒瘦身，适合
女性食用。

- - - - - - - - - - - -

操作要领：新鲜
的猪肚菇水分较
多，所以焯水时
须掌握好火候。

凉拌金针菇

主辅料

金针菇、红椒丝、蒜泥、葱花。

调料

辣椒油、盐、白糖、芝麻油、食用油各适量。

做法

1. 沸水锅中加入食用油，倒入洗净切好的金针菇，煮熟后捞出，沥干水分，装入碗中。
2. 放入红椒丝、蒜泥、辣椒油、盐、白糖、芝麻油、葱花，拌匀，盛入盘中即可。

特点

色泽鲜艳，金针菇爽口顺滑。

操作要领：红椒切丝粗细要和金针菇粗细差不多。

清拌金针菇

 主 辅 料

金针菇、朝天椒、
葱花。

调料

盐、鸡粉、蒸鱼豉油、
白糖、橄榄油各适量。

 做 法

1. 将洗净的金针菇切去根部。将朝天椒洗净，沥干水分，切成圈。锅中注入适量清水烧开，放盐、橄榄油，倒入金针菇，煮约 1 分钟至熟。
2. 把煮好的金针菇捞出，沥干水分，装入盘中，摆放好。朝天椒装入碗中，加蒸鱼豉油、鸡粉、白糖，拌匀成味汁。将味汁浇在金针菇上，再撒上葱花。
3. 锅中注入少许橄榄油，烧热。将热油浇在金针菇上即成。

乌醋花生黑木耳

 主 辅 料

黑木耳（水发）、花生仁（生）、胡萝卜、朝天椒。

调料

乌醋、酱油各适量。

 做 法

1. 黑木耳去根清洗干净备用；胡萝卜切成丝备用。
2. 锅中煮开水，倒入黑木耳、胡萝卜，一煮开即可捞出；将焯水后的黑木耳和胡萝卜迅速倒入凉开水中冷却，捞起沥干备用。
3. 花生仁烤熟或炒熟均可；朝天椒切细，和乌醋、酱油一起倒入黑木耳中拌匀调味；最后加入熟花生。

香干拌香菇

主辅料

香干、红椒、水发香菇、蒜泥。

调料

盐、鸡粉、白糖、生抽、陈醋、芝麻油、食用油适量。

做法

1. 香干切粗丝；红椒切丝；香菇去柄，切粗丝。
2. 锅中注水烧开，倒入香干丝，焯煮片刻，捞出；倒入香菇丝，焯煮片刻，捞出。
3. 取一碗，倒入香干，加盐、鸡粉、白糖、生抽、陈醋、芝麻油，拌匀，待用。
4. 用油起锅，倒入香菇丝，炒匀；放入蒜泥、红椒丝，炒匀；加盐调味；盛入装有香干丝的碗中，拌匀后装盘即可。

特点

香飘味美，风味独特。

- - - - - - - - - - - - - -

操作要领：香干丝和香菇丝粗细要差不多。

XIANGGUBANDOUJIAO

香菇拌豆角

 主辅料

嫩豆角、香菇、
玉米笋。

 调料

辣酱油、白糖、
盐、味精各适量。

做法

1. 香菇洗净泡发，切丝，煮熟，
   捞出晾凉。
2. 将豆角洗净切段，烫熟，捞出
   待用。
3. 将玉米笋切成细丝，放入盛豆
   角段的盘中，再将煮熟的香菇
   丝放入，加入盐、白糖、味精
   拌匀，腌20分钟，淋上辣酱
   油即可。

特点

保肝护肾，适
合男性食用。

- - - - - - - - - - -

操作要领：切丝
粗细要差不多。

凉拌木耳

 主辅料

水发黑木耳、胡萝卜、香菜、小米椒、蒜泥。

调料

盐、香醋、白糖、味精、香油各适量。

做法

1. 水发黑木耳洗净泥沙，撕成块；胡萝卜切丝；香菜切段；小米椒切成短节。
2. 把盐、香醋、白糖、味精、香油、小米椒、蒜泥放入碗调匀成味汁。
3. 将黑木耳、胡萝卜丝、香菜段放入调好的味汁中拌匀，装入盘中即可。

黑木耳拌海蜇丝

 主辅料

水发黑木耳、水发海蜇、胡萝卜、西芹、香菜、蒜泥。

调料

盐、鸡粉、白糖、陈醋、芝麻油、食用油各适量。

做法

1. 胡萝卜切丝；黑木耳切小块；西芹切丝；香菜切末；海蜇切丝。
2. 锅中注水烧开，放入海蜇丝，煮2分钟；放入胡萝卜、黑木耳，淋入食用油，续煮1分钟；放入西芹，煮至断生，捞出。
3. 将煮好的食材装入碗中，放入蒜泥、香菜。
4. 加白糖、盐、鸡粉、陈醋，淋入芝麻油，拌匀，装入盘中即可。

HEIMUERBANFUZHU

黑木耳拌腐竹

主辅料

水发腐竹、水发
黑木耳、胡萝卜、
芹菜、干红辣椒。

调料

盐、味精、香油
各适量。

做法

1. 腐竹洗净切段；黑木耳洗净撕
   小片；胡萝卜洗净去皮切片；
   芹菜、干红辣椒洗净切段。
2. 锅内注水，放入原材料焯熟，
   沥干水捞起装盘，加调料拌匀
   即可。

特点

木耳爽脆，腐
竹鲜嫩。

- - - - - - - - - -

操作要领：黑木
耳要洗净去蒂。

LIANGBANSHUANGER

凉拌双耳

主辅料

黑木耳、银耳。

调料

木姜油、盐、味
精各适量。

做法

1. 双耳用水泡发，洗净撕成小块，
   入锅焯熟，晾凉。
2. 双耳中加入盐、味精、木姜油
   拌匀即成。

特点

成菜黑白相间，
润肺生津，滋阴
降火。

- - - - - - - - - - - - - - -

操作要领：双耳要
熟而不烂，木姜油
适量。

木耳拌豆角

 主辅料

水发黑木耳、豆角、蒜泥、葱花。

 调料

盐、鸡粉、生抽、陈醋、芝麻油、食用油各适量。

 做法

1. 豆角切成小段；黑木耳切成小块。
2. 锅中注水烧开，加盐、鸡粉，倒入豆角，注入食用油，煮半分钟；放入黑木耳，煮至断生，捞出。
3. 将焯好的食材装在碗中，撒上蒜泥、葱花，加盐、鸡粉，淋入生抽、陈醋。
4. 倒入少许芝麻油，搅拌一会儿，至食材入味，装入盘中即成。

泡椒香菇

 主辅料

鲜香菇、灯笼泡椒、泡小米椒、蒜泥。

 调料

盐、鸡粉、生抽、芝麻油各适量。

做法

1. 香菇去蒂，切成小块；泡小米椒切成小块；灯笼泡椒切去蒂。材料分别装入盘中。
2. 热水锅，倒入香菇，煮约2分钟至熟，捞出，倒入碗中。放入灯笼泡椒、泡小米椒和蒜泥。
3. 加入适量生抽、盐、鸡粉。再淋入少许芝麻油，用筷子拌匀至入味，装入盘中即可。

SUANNIHEIMUER

蒜泥黑木耳

主辅料

水发黑木耳、胡萝卜、蒜泥、葱花。

调料

盐、鸡粉、白糖、生抽、芝麻油、食用油各适量。

做法

1. 胡萝卜去皮用斜刀切段，改切成片；黑木耳切成小块。
2. 热水锅中放入少许盐、鸡粉，倒入适量食用油；倒入黑木耳，搅散，煮至沸；加入胡萝卜片，拌匀，煮至食材熟透；捞出，沥干，装碗，待用。
3. 放入适量盐、鸡粉、白糖，倒入蒜泥，撒上葱花，淋入适量生抽、芝麻油，用筷子拌至入味，盛出装入盘中即可。

特点

口味清淡，为佐膳佳肴。

- - - - - - - - - - - - -

操作要领：生抽有一定的咸味，所以盐可以适量少放些。

YOULAJITUIGU

油辣鸡腿菇

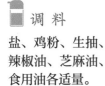 主辅料

鸡腿菇、红椒、干辣椒、蒜泥、葱花。

 调料

盐、鸡粉、生抽、辣椒油、芝麻油、食用油各适量。

🍲 做法

1. 将鸡腿菇对半切开，切成片，装盘备用；红椒切开，去籽，再切成丝，装盘中备用。
2. 热水锅中加入适量盐、食用油；加入鸡腿菇、干辣椒，煮约1分钟至熟，捞出，装入大碗中。
3. 碗中再放入红椒丝，加入适量生抽、辣椒油、鸡粉、盐、蒜泥和葱花，拌匀，再加入芝麻油，拌匀，装盘即可。

特点

成菜香辣爽脆，风味十足。

- - - - - - - - - - - -

操作要领：切辣椒时先将刀在水中蘸一下再切。

葱油金针菇

主辅料

金针菇、红辣椒、
黄花菜、芹菜叶、
姜末、蒜泥。

调料

盐、醋、白糖、
酱油各适量。

做法

1. 金针菇去根；红辣椒切丝；芹
   菜叶洗净；黄花菜泡发。
2. 水烧开，分别放入金针菇、黄
   花菜焯熟，捞出沥干，装盘。
3. 加入醋、白糖、盐、酱油，拌匀，
   点缀上红辣椒丝和芹菜叶。
4. 起油锅，下姜末、蒜泥爆香，
   将热油浇在拌好的菜肴上。

特点

酸甜爽口，葱
香浓郁。

操作要领：金针
菇焯烫后用凉水
冲一下，口感更
爽脆。

Part 3

热菜篇

鲍汁鲜茶菇

 主 辅 料

鲜茶树菇、猪肉丝、青椒、红椒丝、蒜泥、姜末。

调料

色拉油、味精、鸡精、鲍鱼汁、芡粉、老抽各适量。

做 法

1. 鲜茶树菇撕成粗丝，炸至金黄待用。
2. 另起锅上火，放入色拉油、姜、蒜爆香，下入炸好的茶树菇、猪肉丝、青椒丝、红椒丝，加入鲍鱼汁、味精、鸡精、老抽，收汁少许时，勾入少许芡粉，翻锅，装盘即可。

青椒茶树菇

 主 辅 料

茶树菇、青椒、红椒、蒜。

 调料

盐、料酒、味精、香油、精炼油各适量。

做 法

1. 茶树菇切成小条状，用沸水余制待用，青椒、红椒、蒜分别切丝状。
2. 炒锅放精炼油烧至六成热，下茶树菇炸熟沥油，炒锅留少许精炼油，投入青、红椒丝和蒜丝略炒，再投入茶树菇，调入盐、料酒炒出香味，再调入味精、香油炒转起锅装盘即成。

GANXINGCHASHUGU
干香茶树菇

 主辅料

猪肉、干茶树菇、洋葱、青椒、红椒。

调料

盐、味精、香油、食用油各适量。

做法

1. 猪肉切成丝；干茶树菇入盆，加入温热水浸泡，使其涨发透；洋葱、青椒、红椒分别切成丝。
2. 锅内烧油至五成热，将茶树菇捞起，放入油锅中炸干水汽。
3. 炒锅置旺火上，放入油烧至五成热，下肉丝、盐炒至酥香，放入茶树菇、洋葱、青椒、红椒炒匀，调入盐、味精，淋香油炒匀，起锅装入盘内即成。

特点

口味浓郁、鲜香适口、营养丰富。

- - - - - - - - - -

操作要领：茶树菇先用水涨发透，然后再炸干水汽。

GANGUOCHASHUGU
干锅茶树菇

 主辅料　　🥡 调料

茶树菇、芹菜、白菜　　花椒、八角、香叶、沙姜、
叶、红椒、青椒、蒜　　草果、盐、鸡粉、生抽、
泥、姜末、干辣椒。　　食用油各适量。

做法

1. 将青椒、红椒切粗丝；芹菜切长段，备用。热锅
   注油，烧至三成热，倒入茶树菇，拌匀，用小火
   炸约 1 分钟，捞出材料，沥干油，待用。
2. 用油起锅，放入姜末、蒜泥、爆香。放入青椒丝、
   红椒丝、芹菜段，用大火快速炒至软。倒入炸好
   的茶树菇，炒匀，再加入盐、鸡粉、生抽。翻炒
   至食材入味，关火后盛出炒好的材料，待用。
3. 干锅置火上，倒入少许食用油烧热。放入干辣椒、
   花椒、八角、香叶、沙姜、草果爆香。洗净的白
   菜叶摆放整齐。再倒入炒过的材料，摆放好。盖
   上锅盖，用小火焖约 2 分钟，至菜叶熟透即可。

CHASHUGUCHAOJISI
茶树菇炒鸡丝

主辅料　　　　　　　调料

茶树菇、鸡肉、鸡　　盐、料酒、白胡椒粉、
蛋清、红椒、青椒、　　水淀粉、鸡粉、白糖、
葱段、蒜泥、姜片。　　食用油各适量。

做法

1. 红椒切小条；青椒去籽，切小条；鸡肉切丝。
2. 鸡肉装碗，加盐、料酒、白胡椒粉、鸡蛋清、水淀粉、
   食用油，拌匀。
3. 锅中加清水、茶树菇，搅匀氽煮去除杂质。
4. 将茶树菇捞出，沥干水分。
5. 热锅注油，倒入鸡肉丝、姜片、蒜泥、茶树菇、料酒、
   水。放盐、鸡粉、白糖、青椒、红椒、水淀粉、
   葱段炒熟即可。

GANGUOLAROUCHASHUGU

干锅腊肉茶树菇

主辅料

茶树菇、腊肉、
洋葱、红椒、芹菜、
干辣椒、香菜。

调料

豆瓣酱、花椒、
鸡粉、白糖、生抽、
料酒、食用油各
适量。

做法

1. 将洗净的洋葱切丝；芹菜切段。
2. 红椒切圈；茶树菇切段；腊肉取瘦肉
   部分，切成片。
3. 锅中注入适量清水烧开，放入腊肉，
   氽去多余盐分。
4. 把腊肉捞出，沥干水分，待用。
5. 将茶树菇倒入沸水锅中，焯煮至断生，
   捞出，沥干水分。
6. 用油起锅，放入花椒、豆瓣酱，炒香。
7. 加干辣椒、腊肉、茶树菇，略炒。
8. 放入红椒圈、芹菜，炒至熟软。
9. 放生抽、料酒、白糖、鸡粉，炒匀。
   加洋葱，炒匀，将菜肴盛出装入干锅，
   放上香菜即可。

特点

腊肉的香味和菌菇
的香味完美地融
合，是一道越煮越
好吃的下饭菜。

- - - - - - - - - - -

操作要领：新鲜的
茶树菇味醇清香，
而用晒制的茶树菇
制成菜品，也别有
一番浓厚的鲜味。

CHASHUGUOXIANGXIA
茶树果香虾

主辅料

茶树菇、虾仁、哈密瓜、红樱桃、猕猴桃、西芹、马蹄、蛋清糊、蒜泥。

调料

盐、精炼油、化鸡油、鲜汤、胡椒粉、料酒、鲜汤、水豆粉各适量。

做法

1. 茶树菇洗净改刀成弹子状、西芹改刀成弹子状，入沸水汆制待用。哈密瓜、猕猴桃改刀圆球形，红樱桃洗净去蒂待用，马蹄去皮待用。

2. 虾仁从背上划一刀，剔去沙肠后用盐、料酒淹制一下，搅上蛋清糊入油锅内滑散捞起待用。

3. 锅置火上，放入化鸡油，下蒜泥、西芹、茶树菇炒香，下哈密瓜、马蹄、猕猴桃、红樱桃、虾仁炒香熟透，烹入盐、胡椒粉、鲜汤、料酒、水豆粉兑成的汁，收汁、亮汁，起锅装盘即成。

特点

虾仁融合了茶树菇和水果的香味，风味十足。

操作要领：虾仁背上的沙肠一定要去尽，以免进食时有泥沙。

CHASHUGUCHAOROU
茶树菇炒肉

 主辅料

猪肉丝、干茶树菇、青椒丝、红椒丝。

调料

盐、鸡精、酱油、料酒、红油各适量。

 做法

1. 肉丝加酱油、料酒腌渍；干茶树菇泡发撕条。
2. 油锅烧热，下肉丝略炒，加茶树菇、青红椒丝、红油炒熟。
3. 加盐和鸡精调味，待汤汁收浓时起锅即可。

特点

肉片爽滑可口，味道鲜美。

操作要领：由于茶树菇本身就很鲜美，因此不需要加味精。

CHASHUGUCHAODUSI

茶树菇炒肚丝

主辅料

茶树菇、猪肚丝、西芹丝、葱白、姜丝、蒜泥、椒丝。

调料

淀粉、盐、白糖各适量。

做法

1. 将茶树菇洗净，下油锅稍炸，捞出沥油。
2. 将西芹丝和猪肚丝放入沸水氽熟。
3. 油锅烧热，爆香葱白、姜丝、椒丝、蒜泥，再放入茶树菇、猪肚丝、西芹丝，加入盐、白糖炒匀入味，用淀粉勾芡即可。

特点

猪肚丝爽脆，茶树菇鲜美。

- - - - - - - - - -

操作要领：猪肚丝要切均匀。

茶树菇炒鳝丝

CHASHUGUCHAOSHANSI

主辅料

水发茶树菇、鳝鱼、青椒、红椒、姜片、葱段。

调料

盐、鸡粉、生抽、水淀粉、料酒、食用油各适量。

做法

1. 洗净的青椒、红椒切开，去籽，切成丝；在处理好的鳝鱼上切上花刀，再切成丝。
2. 锅中加水、茶树菇，略煮一会儿，捞出；热锅注油，倒入姜片、葱段，爆香，放入鳝鱼，翻炒均匀。
3. 淋入料酒，倒入茶树菇、青椒、红椒，翻炒均匀。加入少许盐、生抽、鸡粉，炒匀调味，倒入水淀粉，快速翻炒均匀即可。

茶树菇炒五花肉

CHASHUGUCHAOWUHUAROU

主辅料

茶树菇、五花肉、红椒、姜片、蒜泥、葱段。

调料

盐、生抽、鸡粉、料酒、水淀粉、豆瓣酱、食用油各适量。

做法

1. 洗净的红椒切小块；洗好的茶树菇切去根部，再切成段；洗净的五花肉切成片。
2. 锅中注水烧开，放入盐、鸡粉、食用油，倒入茶树菇，煮1分钟，捞出，沥干。
3. 用油起锅，放入五花肉炒匀，加入生抽，倒入豆瓣酱，炒匀，放入姜片、蒜泥、葱段，炒香。
4. 淋入料酒，炒匀提味，放入茶树菇、红椒，炒匀，加适量盐、鸡粉、水淀粉，炒匀即可。

39

CHASHUGUCHAOLAROU
茶树菇炒腊肉

主辅料

腊肉、茶树菇、蕨菜、蒜苗、干辣椒、姜片、蒜片。

调料

盐、鸡精、酱油各适量。

做法

1. 所有材料洗净。
2. 油锅烧热，爆香姜片、蒜片、干辣椒，放入腊肉片爆炒片刻，放茶树菇、蕨菜、盐、鸡精、酱油炒匀，再放蒜苗略炒，装盘即可。

特点

荤素搭配，鲜香适口，家常风味。

操作要领：若用干茶树菇，则需提前泡发。

CHASHUGUCHAOZHUJINGROU

茶树菇炒猪颈肉

 主辅料

干茶树菇、猪颈肉、胡萝卜。

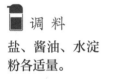 调料

盐、酱油、水淀粉各适量。

做法

1. 茶树菇泡发，洗净切段；猪颈肉洗净，切小块；胡萝卜洗净，切条。
2. 油锅烧热，下猪颈肉略炒，放入茶树菇、胡萝卜炒匀，加入盐、酱油炒至入味。
3. 起锅前，用水淀粉勾芡，装盘即可。

特点

猪颈酥脆，茶树菇鲜美。

- - - - - - - - - - - -

操作要领：猪颈肉可以炒久一些，吃起来口感会更加香酥。

茶树菇腐竹炖鸡

 主辅料

光鸡、茶树菇、腐竹、姜片、蒜泥、葱段。

🥫 调料

豆瓣酱、盐、鸡粉、料酒、生抽、水淀粉、食用油各适量。

🍲 做法

1. 将光鸡洗净，斩成小块；洗净的茶树菇切成段；锅中注入适量清水烧热，倒入鸡块，搅匀，用大火煮一会儿，掠去浮沫，捞出，沥干待用。
2. 热锅注油，烧至四成热，倒入腐竹，炸约半分钟，至其呈虎皮状，捞出沥油，浸在清水中待用。
3. 用油起锅，放入姜片、蒜泥、葱段，爆香，倒入鸡块，翻炒，淋入料酒，炒香，放入生抽、豆瓣酱，翻炒，加盐、鸡粉，调味。注清水，倒入腐竹，炒匀，盖上锅盖，煮沸后用小火煮约8分钟，倒入茶树菇，炒匀，续煮1分钟，大火收汁，入水淀粉勾芡即成。

茶树菇干锅鸡

 主辅料

鸡肉块、茶树菇、大葱段、姜片、蒜片、葱段。

🥫 调料

盐、鸡粉、生抽、豆瓣酱、辣椒酱、料酒、水淀粉、食用油各适量。

🍲 做法

1. 锅中烧开水，倒入洗净的鸡肉块，拌匀，余去血水，撇去浮沫。将余煮好的鸡肉捞出，沥干水分，待用。
2. 用油起锅，放入少许姜片、蒜片、葱段、大葱段，炒香。倒入切成段的茶树菇和余过水的鸡块，炒匀。淋入少许料酒、豆瓣酱、生抽，炒香炒匀。
3. 放入适量辣椒酱，倒入少许清水，炒匀。倒入少许盐、鸡粉，炒匀，倒入适量水淀粉勾芡，盛入干锅中即可。

CHASHUGUSHAODAIYU

茶树菇烧带鱼

主辅料

带鱼、茶树菇、青椒、红椒、香菜。

调料

盐、白糖、料酒、水淀粉、酱油各适量。

做法

1. 所有材料洗净。
2. 带鱼用盐、料酒略腌；盐、白糖、水淀粉、酱油调成汁。
3. 油锅烧热，带鱼煎熟，倒入茶树菇及青椒、红椒炒熟，放入味汁、水烧至汤汁浓稠，撒上香菜。

特点

咸鲜口味，微辣，吃着很过瘾，带鱼更是块小入味儿。

操作要领：干茶树菇需提前泡发洗净。

CHASHUGUZHENGNIUROU
茶树菇蒸牛肉

主辅料

水发茶树菇、
牛肉、姜末、
蒜泥。

调料

蚝油、盐、料
酒、水淀粉、
胡椒粉、生
抽、食用油各
适量。

做法

1. 泡发好的茶树菇切去根部；洗净的
   牛肉切成片，加料酒、姜末、胡椒粉、
   蚝油、生抽、水淀粉、盐、食用油，
   拌匀腌渍10分钟。
2. 锅中注水烧开，倒入茶树菇，汆煮
   去杂质，将食材捞出，沥干水分，
   待用。
3. 取一个蒸碗，摆放上茶树菇，倒入
   腌渍好的牛肉，将备好的蒜泥撒在
   牛肉上，待用。蒸锅注水烧开，放
   入蒸碗，大火蒸10分钟至熟透，
   将菜肴取出即可。

特点

茶树菇与牛肉绝
对是绝配，通过
蒸汽使二者的香
味互相渗透。

- - - - - - - - - - - - -

操作要领：牛肉
片要切得够薄。

DAOQIECHASHUGUBAONIULIU

刀切茶树菇爆牛柳

 主辅料

牛柳、茶树菇、
土豆、青红椒丝。

调料

盐、味精、酱油、
料酒各适量。

做法

1. 牛柳洗净切丝，用酱油和料酒
   腌渍片刻；茶树菇洗净切段；
   土豆去皮，洗净切条。
2. 锅中倒油烧热，下土豆条炸至
   金黄色，沥油摆盘；锅底留油，
   下牛柳炒至变色，加茶树菇、
   辣椒丝炒熟。
3. 加盐、味精炒至入味即可。

特点

牛肉滑嫩，茶树
菇口感筋道，完
美搭配成了一道
绝佳的美食。

操作要领：炒牛
柳主要是火候，
动作要快，牛肉
下锅后变色即可
捞出。

XIANGNIUGANCHAOCHASHUGU
香牛干炒茶树菇

主辅料

牛肉干、茶树菇、
蒜薹、洋葱片、
干辣椒。

调料

酱油、鸡精、盐
各适量。

做法

1. 牛肉干泡发，洗净切条；茶树菇洗净，切段；蒜薹洗净切段。
2. 锅倒油烧热，放入干辣椒、茶树菇煸炒至水分干后，加入蒜薹、洋葱片不断翻炒，最后加入牛肉干炒匀。
3. 加入盐、酱油、鸡精调味，出锅即可。

特点

茶树菇味美、柄脆、香浓纯正，牛肉味道鲜美。

操作要领：茶树菇下锅后不要久炒。

干贝茶树菇蒸豆腐

GANBEICHASHUGUZHENGDOUFU

 主辅料

干茶树菇、干贝、豆腐、姜、蒜、葱花。

 调料

生抽、蚝油、陈醋、糖、盐各适量。

🍚 做法

1. 干茶树菇用温水泡发，洗净切成段；嫩豆腐切成小块装盘；干贝泡发洗净；姜、蒜切丝，备用。
2. 将茶树菇、干贝洒在豆腐上，把盘子放入蒸锅，大火烧开水后蒸 7~8 分钟。
3. 把调料混合搅匀，另起一锅倒入清油烧热，下姜、蒜丝炒香后，把油倒入混合液中，搅匀。豆腐蒸好后出锅，把味汁均匀倒入豆腐中，撒上葱花即可。

草菇扒芥菜

CAOGUPAJIECAI

🍚 主辅料

芥菜、草菇、胡萝卜片、蒜片。

 调料

盐、鸡粉、生抽、水淀粉、芝麻油、食用油各适量。

🍚 做法

1. 洗净的草菇切十字花刀，第二刀切开；洗好的芥菜切去菜叶，将菜梗部分切块。
2. 沸水锅中倒入草菇、芥菜、盐、食用油，氽煮至其断生，捞出，沥干水分。
3. 另起锅注油，放蒜片、胡萝卜片、生抽、清水、草菇，炒匀。加盐、鸡粉、水淀粉、芝麻油，炒匀至收汁，盛出菜肴，放在芥菜上即可。

TANGCUCUIPICHASHUGU
糖醋脆皮茶树菇

主辅料

茶树菇、姜米、蒜米、葱花。

调料

盐、白糖、醋、味精、鲜汤、水豆粉、精炼油、脆皮浆各适量。

做法

1. 将茶树菇洗净改刀切成段，入沸水汆制后挤干水分，加盐、味精、腌制待用。
2. 锅置火上，倒入精炼油，烧制四至五成热，将腌好的茶树菇挂上脆皮浆入油锅内炸熟、炸脆，拼摆于盘内。
3. 锅置火上，放少量油将姜、蒜米炒香，掺入鲜汤，调入盐、味精、白糖，烧沸勾上水豆粉，收汁、亮油，再放入醋、葱花，起锅淋于盘内的茶树菇上即成。

特点

外皮酥脆，内里鲜嫩。

- - - - - - - - - - - - - - -

操作要领：炸制茶树菇时，油温不能过高，以免泛黄。

LACHANGCHASHUGU
腊肠茶树菇

 主辅料

茶树菇、腊肠、
青椒、红椒。

调料

盐、味精、酱油、
料酒各适量。

 做法

1. 茶树菇洗净；腊肠洗净，切丝；
   青椒、红椒洗净，切丝。
2. 锅中注油烧热，放入腊肠丝炒
   至吐油时，再加入茶树菇、青
   椒、红椒丝翻炒片刻。
3. 炒至熟后，加入盐、味精、酱油、
   料酒炒匀，起锅装盘即可。

特点

口味咸鲜，操
作简单。

- - - - - - - - -

操作要领：因为
腊肠本身很咸，
加盐时最好先尝
一下。

鲍汁草菇

 主 辅 料

鲍汁、草菇、菜心。

🥫 调料

盐、味精、老抽、料酒、糖各适量。

🍚 做 法

1. 草菇洗净，对剖开，用沸水焯烫后沥干备用；菜心洗净。
2. 锅置火上，注油烧热，下料酒，放入草菇炒熟，加盐、老抽、糖炒至汤汁收干，放入鲍汁以小火焖煮。
3. 煮至汤汁收浓，下菜心稍炒，加味精调味，炒匀装盘即可。

草菇烧肉

 主 辅 料

五花肉、草菇、姜片、葱段、蒜头。

🥫 调料

盐、白糖、鸡粉、老抽、生抽、水淀粉、料酒、食用油各适量。

 做 法

1. 草菇对半切开；五花肉切块。
2. 锅中注水烧开，倒入草菇，淋入料酒，略煮一会儿，捞出。
3. 油锅下入五花肉，炒变色；倒入姜片、葱段、蒜头、料酒、老抽、生抽，炒匀；注入清水，倒入草菇，搅匀，小火焖煮30分钟。加盐、白糖、鸡粉，炒匀调味，小火续煮15分钟；淋入水淀粉勾芡即可。

CAOGUJIELAN
草菇芥蓝

主辅料

草菇、芥蓝。

调料

盐、酱油、蚝油
各适量。

做法

1. 将草菇洗净，对半切开；芥蓝削去老、硬的外皮，洗净。
2. 锅中注水烧沸，放入草菇、芥蓝焯烫，捞起装盘。
3. 另起锅，倒油烧热，放入草菇、芥蓝，调入盐、酱油、蚝油炒匀装盘即可。

特点

芥蓝翠绿爽口，草菇清淡味美。

操作要领：芥蓝焯水至断生即可。

CAOGUSHENGNVGUO

草菇圣女果

主辅料

草菇、圣女果、葱。

调料

盐、淀粉、鸡汤、味精各适量。

做法

1. 将草菇、圣女果洗净，切成两半。
2. 草菇用沸水焯至变色后捞出。
3. 锅置火上，加油，待油烧至七八成热时，倒入香葱煸炒出香味，放入草菇、圣女果，加入鸡汤，待熟后放入盐、味精，用水淀粉勾芡，拌匀即可出锅。

特点

色泽鲜艳，味道鲜美。

操作要领：草菇焯水至断生即可，不可久焯。

BAOZHIKOUHUAGU

鲍汁扣花菇

 主辅料

大花菇、西兰花、
鲍汁。

 调料

盐、糖、生姜粉、
红油各适量。

做法

1. 花菇泡发洗净；西兰花洗净，
   掰成小朵备用。
2. 将花菇放入锅中，加水煮 10
   分钟，捞出沥干；西兰花用开
   水焯熟。
3. 将花菇、鲍汁、盐、糖、生姜
   粉一起放入锅中炖煮15分钟，
   出锅，同西兰花一起摆盘，淋
   上红油即可。

特点

口味浓香，鲜
香四溢。

- - - - - - - - - - -

操作要领：可以
买市场售的鲍汁
来做。

CAOGUXIAMIDOUFU

草菇虾米豆腐

主辅料

豆腐、虾米、草菇。

调料

香油、白糖、盐各适量。

做法

1. 草菇洗净，沥水切碎，入油锅炒熟，出锅晾凉；虾米洗净，泡发，捞出切成碎末。

2. 豆腐放沸水中烫一下捞出，放碗内晾凉，沥出水，加盐，将豆腐打散拌匀；将草菇碎块、虾米撒在豆腐上，加白糖和香油搅匀后扣入盘内即可。

特点

清淡爽口，不失营养，是一款营养健康的家常菜。

- - - - - - - - - - -

操作要领：三者味道相融合，味美鲜香。

草菇花菜炒肉丝

 主 辅 料

草菇、彩椒、花菜、猪瘦肉、姜片、蒜泥、葱段。

调 料

盐、生抽、料酒、蚝油、水淀粉、食用油各适量。

 做 法

1. 草菇对半切开；彩椒切粗丝；花菜切小朵。猪瘦肉切细丝，装碗，加料酒、盐、水淀粉、食用油，拌匀，腌渍10分钟。
2. 锅中注水烧开，加盐、料酒，倒入草菇，煮去涩味；放入花菜，加食用油，煮至断生；倒入彩椒，煮片刻，捞出食材。
3. 油锅下入肉丝，炒至变色；放入姜片、蒜泥、葱段，炒香；倒入焯过水的食材，炒匀；加盐、生抽、料酒、蚝油、水淀粉，炒至入味即可。

草菇蒸鸡肉

 主 辅 料

鸡肉块、草菇、姜片、葱花。

调 料

盐、鸡粉、生粉、生抽、料酒、食用油各适量。

 做 法

1. 将洗净的草菇切成片，焯水，装入碗中，倒入鸡肉块，加入鸡粉、盐，淋入料酒。
2. 放入姜片，拌匀，撒入生粉，拌匀挂浆；注入食用油，搅拌匀；淋入生抽，拌匀，腌渍片刻，待用。
3. 取一个干净的蒸盘，倒入腌好的鸡肉块；蒸锅上火烧开，放入蒸盘，盖上盖，用中火蒸约15分钟，至全部食材熟透。关火后揭开盖子，取出蒸熟的鸡肉，趁热撒上葱花，浇上热油即可。

YOUCHIHUAGU

油吃花菇

主辅料

花菇、干椒、姜。

调料

盐、红油、味精
各适量。

做·法

1. 花菇洗净泡开，切成两半；干椒
   洗净切段；姜去皮洗净，切片。
2. 锅中油烧热，下姜片、干椒、花
   菇一起炒熟。
3. 将花菇盛入盘内，淋入红油，加
   入盐、味精一起拌匀即可。

特点

香气浓郁，清淡
可口，花纹相间，
尤为美观。

- - - - - - - - - - - - - - - -

操作要领：花菇用
热水浸泡约20分
钟即可发好。加盐
少许搓揉，再用清
水漂洗，泥沙即净。

XIANGUHUIGEDAN
鲜菇烩鸽蛋

 主辅料

熟鸽蛋、鲜香菇、
口蘑、姜片、葱段。

调料

盐、鸡粉、蚝油、
料酒、水淀粉、食
用油各适量。

做法

1. 将洗净的口蘑切小块；洗好的
   香菇切小块。
2. 锅中加清水、盐、食用油、口蘑、
   香菇，焯熟。
3. 捞出焯煮好的食材，沥干水分。
4. 油起锅，放姜片、葱段、口蘑、
   香菇，炒匀。
5. 放入熟鸽蛋、料酒，炒香。
6. 加蚝油、盐、鸡粉、清水、水
   淀粉，炒至入味即可。

特点

口味清香，营
养丰富。

- - - - - - - - - - -

操作要领：口蘑
切好后用清水浸
泡一会儿，可有
效去除菌盖上的
杂质。

草菇炒牛蛙

 主辅料

牛蛙、草菇、胡萝卜、西芹、姜片、葱段。

 调料

盐、鸡粉、料酒、水淀粉、胡椒粉各适量。

做法

1. 洗净的西芹切小段。洗好去皮的胡萝卜切成片。洗净的草菇对半切开，备用。
2. 取一个碗，放入处理好的牛蛙，加入盐、料酒、水淀粉，拌匀，腌渍10分钟，至其入味，备用。
3. 锅中注入适量清水烧开，倒入草菇，略煮一会儿。捞出焯煮好的食材，装入盘中，备用。
4. 用油起锅，倒入姜片、葱段，爆香。放入腌好的牛蛙，炒匀，淋入料酒，翻炒匀。放入草菇、胡萝卜、西芹，加入少许盐、鸡粉、胡椒粉，翻炒至食材熟透、入味。

蚝油白灵菇

 主辅料

白灵菇、彩椒、青椒、姜片、蒜泥、葱段。

 调料

盐、鸡粉、蚝油、生抽、料酒、水淀粉、鸡汁、食用油各适量。

做法

1. 彩椒、青椒切小块；白灵菇切小块。
2. 锅中注水烧开，放鸡汁、盐、料酒、白灵菇、青椒、彩椒，焯煮片刻，捞出。
3. 用油起锅，放姜片、蒜泥、葱段、焯过水的材料、料酒、盐、鸡粉、生抽、蚝油，炒至食材熟透。
4. 倒入少许水淀粉，翻炒均匀，盛出炒好的菜肴，装入盘中即成。

DABAICAICHAOSHUANGGU

大白菜炒双菇

主辅料

大白菜、香菇、
平菇、胡萝卜。

调料

盐适量。

做法

1. 大白菜洗净切段；香菇、平菇
   均洗净切块，焯烫片刻；胡萝
   卜洗净，去皮切片。
2. 净锅上火，倒油烧热，放入大
   白菜、胡萝卜翻炒。
3. 再放入香菇、平菇，调入盐炒
   熟即可。

特点

菌菇鲜嫩爽口。

- - - - - - - - -

操作要领：香菇
切好后用清水浸
泡一会儿，可有
效去除菌盖上的
杂质。

59

CHONGCAOHUACHAOJIAOBAI

虫草花炒茭白

主辅料

茭白、肉末、虫草花、彩椒、姜片。

调料

盐、白糖、鸡粉、料酒、水淀粉、食用油各适量。

做法

1. 将茭白切成粗丝；彩椒切成粗丝。
2. 锅中注水烧开，倒入虫草花、茭白丝、彩椒丝，淋入料酒、食用油，煮至断生，捞出。
3. 用油起锅，倒入肉末，炒匀；撒上姜片，炒香；淋入料酒，炒匀提味。
4. 倒入焯过水的虫草花、茭白丝、彩椒丝炒熟；加盐、白糖、鸡粉调味；淋入水淀粉勾芡即可。

特点

质地鲜嫩，爽口嫩滑。

操作要领：原料切丝粗细要差不多。

CHONGCAOHUACHAOROUSI

虫草花炒肉丝

 主 辅 料

虫草花、芹菜、
猪瘦肉、红椒。

🥫 调 料

盐、味精、香油、
生抽各适量。

🍲 做 法

1. 虫草花、芹菜、红椒均洗净，
   切段；瘦肉洗净切丝。
2. 油锅烧热，放肉丝快速爆炒，
   加虫草花、芹菜、红椒煸炒。
3. 调入盐、味精、生抽炒匀，淋
   入香油即可。

特点

色泽鲜艳诱人，
味道鲜香微辣。

- - - - - - - - - -

操作要领：原料
切丝粗细要均匀。

吉祥猴菇

 主辅料

水发猴头菇、青椒、红椒、芹菜、干辣椒。

调料

盐、鸡粉、胡椒粉、料酒、生抽、干淀粉、水淀粉、食用油各适量。

做法

1. 猴头菇撕成小片；芹菜切长段；红椒、青椒切成片。锅中注清水烧开，放入猴头菇片，煮约90秒，捞出。加入少许盐、生抽、料酒，撒上适量胡椒粉，快速搅拌一会儿，腌渍约10分钟。取腌好的猴头菇，加入适量干淀粉，裹匀，待用。
2. 热锅注油，烧至五六成热，放入猴头菇。搅匀，用小火炸约2分钟捞出，沥干油分，待用。起油锅，下入干辣椒爆香，倒入青椒片、红椒片、芹菜段。大火炒匀至芹菜断生，注入少许清水，炒匀，略煮。加入少许盐、鸡粉、生抽，炒匀调味，倒入猴头菇炒匀，倒入适量水淀粉，炒至食材入味即可。

鱼香白灵菇

主辅料

白灵菇、瘦肉、去皮胡萝卜、水发木耳、姜末、蒜泥、葱段。

调料

盐、白糖、鸡粉、豆瓣酱、料酒、生抽、陈醋、白胡椒粉、水淀粉、食用油各适量。

做法

1. 胡萝卜、木耳、瘦肉均洗净切丝；白灵菇洗净切粗条；瘦肉丝加盐、料酒、白胡椒粉、水淀粉、食用油腌渍。
2. 白灵菇入油锅炸至金黄色，捞出；起油锅，倒入瘦肉丝、蒜泥、姜末、豆瓣酱，炒匀。
3. 倒入胡萝卜丝、木耳丝、白灵菇条，炒至熟，加入料酒、生抽、盐、白糖、鸡粉、陈醋。
4. 炒匀，倒入葱段，注水，炒入味，盛出即可。

SHIJINZHENGJUNGU

什锦蒸菌菇

主辅料

蟹味菇、杏鲍菇、
秀珍菇、香菇、
胡萝卜、葱段、
姜片、葱花。

调料

盐、鸡粉、白糖、
生抽各适量。

做法

1. 将洗净的杏鲍菇切条；洗好的秀珍菇切条；洗净的香菇切片；洗好的胡萝卜切成条。

2. 取空碗，倒入切好的杏鲍菇、秀珍菇、香菇、胡萝卜、蟹味菇。放入姜片和葱段，加入生抽、盐、鸡粉、白糖拌匀，腌渍5分钟至入味；将腌好的菌菇装盘。

3. 取出已烧开上汽的电蒸锅，放入菌菇。加盖，调好时间旋钮，蒸5分钟至熟。揭盖，取出蒸好的什锦菌菇，撒上葱花即可。

特点

菌菇嫩滑爽口。

- - - - - - - - - - -

操作要领：秀珍菇在烹饪前可先用开水焯烫，既可除去一些异味，又能缩短制作的时间，还能保持秀珍菇脆嫩的口感。

ZHENZHUWOSUNCHAOBAIYUGU
珍珠莴笋炒白玉菇

主辅料

水发珍珠木耳、去皮莴笋、白玉菇、蒜泥。

调料

盐、料酒、鸡粉、水淀粉、食用油各适量。

做法

1. 莴笋切菱形片；白玉菇切成段。
2. 锅中注水烧开，倒入珍珠木耳、白玉菇、莴笋，焯煮片刻，捞出。
3. 用油起锅，放入蒜泥，大火爆香。
4. 倒入珍珠木耳、白玉菇、莴笋，淋入料酒，翻炒至熟；加盐、鸡粉、水淀粉，炒至食材入味即可。

特点

色泽鲜艳，咸鲜味美。

操作要领：菜品焯水不可过久。

双菇滑嫩鸡

 主辅料

鸡肉、油菜、口
蘑、香菇。

 调料

盐、酱油、料酒、
水淀粉各适量。

做法

1. 鸡肉洗净切块，加盐和料酒腌渍；油菜、口蘑、香菇洗净切片。
2. 鸡肉余水。
3. 热锅加油，下入鸡肉、油菜、口蘑、香菇同炒至熟，加入盐、酱油、水淀粉，炒匀后起锅，装盘即可。

特点

青菜爽嫩，菌菇嫩滑，鸡肉鲜美。

- - - - - - - - - -

操作要领：菜品下锅不可久炒。

65

JISIBAICAICHAOBAILINGGU
鸡丝白菜炒白灵菇

主辅料

白灵菇、白菜、鸡肉、红彩椒、葱段、蒜片。

调料

盐、鸡粉、芝麻油、生抽、水淀粉、食用油各适量。

做法

1. 白灵菇切条；白菜切条；红彩椒切丝；鸡肉切丝。
2. 沸水锅中倒入白菜丝，焯煮至断生，捞出。
3. 往锅中倒入白灵菇，余煮至断生，捞出，沥干水分。
4. 另起锅注油，放鸡肉丝、蒜片、白灵菇、生抽，炒熟。
5. 放入焯好的白菜丝，倒入红彩椒丝，翻炒均匀。
6. 加盐、鸡粉、葱段、水淀粉、芝麻油，炒熟即可。

特点

白灵菇肉质细嫩，味美可口。

操作要领：鸡肉丝切好后可用少许食用油拌一下，炒的时候比较容易散开。

银花烧白灵菇

 主辅料

金银花、白灵菇、彩椒、姜片、蒜泥、葱段。

调料

盐、鸡粉、料酒、蚝油、水淀粉、生抽、食用油各适量。

做法

1. 洗好的白灵菇切成片；洗净的彩椒切成小块。
2. 锅中注水烧开，放入盐、鸡粉，倒入彩椒、白灵菇煮断生，捞出，沥干水分。
3. 用油起锅，倒入姜片、蒜泥、葱段，爆香，倒入彩椒、白灵菇翻炒均匀，淋入料酒提味，倒入洗净的金银花。
4. 加入盐、鸡粉、蚝油、生抽，炒匀，倒入水淀粉翻炒均匀即可。

红烧双菇

 主辅料

鸡腿菇、鲜香菇、上海青、姜片、蒜泥、葱段。

调料

盐、鸡粉、料酒、老抽、生抽、芝麻油、水淀粉、食用油各适量。

 做法

1. 鸡腿菇切片；香菇切段；上海青切小瓣。
2. 锅中注水，加盐、鸡粉、食用油、上海青、鸡腿菇、香菇，焯煮，捞出。
3. 用油起锅，放姜片、蒜泥、葱段、鸡腿菇、香菇、料酒、老抽、生抽、清水、盐、鸡粉，炒匀。放水淀粉、芝麻油，炒匀，摆好盘即可。

双菇炒鸭血

主辅料

鸭血、口蘑、草菇。

调料

姜片、蒜泥、葱段、盐、鸡粉、料酒、生抽、水淀粉、食用油各适量。

做法

1. 草菇洗净切小块；口蘑洗净切粗丝；鸭血洗净切小方块。
2. 沸水锅中加盐，放入草菇、口蘑煮至断生，捞出；起油锅，爆香姜片、蒜泥、葱段。
3. 放入草菇、口蘑，淋入料酒、生抽，炒至七成熟，倒入鸭血块，注水，调入盐、鸡粉。
4. 续煮至熟透，收汁，待汁水渐浓时倒入水淀粉，炒匀，盛出装盘即可。

特点

鸭血细腻、嫩滑。

- - - - - - - - - - - - - - -

操作要领：鸭血要浸泡冲洗干净。

SUSHAONIUGANJUN

素烧牛肝菌

 主 辅 料

牛肝菌、青椒、
红椒、蒜。

调 料

料酒、盐、鸡精
各适量。

做 法

1. 牛肝菌洗净；青、红椒洗净切
   块；蒜洗净。
2. 热锅下油，放入蒜和青、红
   椒爆香，下入牛肝菌和料酒焖
   10分钟。
3. 调入盐和鸡精，翻炒均匀即可
   起锅。

特点

牛肝菌口味鲜
美，味道独特。

- - - - - - - - -

操作要领：牛肝
菌在烹饪前可先
用开水焯烫。

菠菜双菇烘蛋

 主辅料

鸡蛋、蘑菇、香菇、葱花、菠菜。

调料

食用油适量。

做法

1. 菇类洗净切碎；菠菜洗净，放入滚水中余烫1分钟，捞起沥干切碎；蛋打散。
2. 热油锅，放入葱花拌炒至香气出来后，再放入菇类与菠菜继续拌炒，接着加入蛋液，煎熟即可。

杂菇烩豆腐

 主辅料

韧豆腐、杏鲍菇、白灵菇、香菇、平菇、葱末、姜末、鲍汁、葱花。

 调料

蚝油、糖、白胡椒粉、盐、水淀粉各适量。

做法

1. 豆腐用盐水浸泡1小时后，切1.5厘米见方的小块；各类蘑菇洗净去蒂。
2. 锅内热油，下入葱、姜爆香，下入各类蘑菇，大火炒至蘑菇变软，加入清水及蚝油、鲍汁、糖、白胡椒粉、盐调味。水开锅后下入豆腐，中小火炖15分钟，勾入水淀粉，出锅前撒上葱花即可。

SHANJUNHUAYUPIAN

山菌滑鱼片

主辅料

草菇、黄牛肝菌、草鱼、番茄、蛋清、鲜菜心、姜葱片。

调料

盐、味精、胡椒粉、鲜汤各适量。

做法

1. 草菇、番茄、黄牛肝菌切片待用；草鱼片成片，和蛋清下油锅滑熟。
2. 锅留余油，下姜葱片炒香，掺入鲜汤，调入盐、味精、胡椒粉，放入主辅料，勾芡收汁起锅装盘即成。

特点

山菌口味鲜美，鱼片鲜嫩顺滑。

- - - - - - - - -

操作要领：鱼肉片滑油时，油温不可太高。

GANSHAOJIZONGJUN
干烧鸡枞菌

主辅料

鸡枞菌、五花肉、
青椒、红椒、葱。

调料

盐、鸡精、老抽
各适量。

做法

1. 鸡枞菌洗净焯水后捞出；五花
   肉洗净切片汆水；青椒、红椒
   均洗净切片；葱洗净切段。
2. 油锅烧热，放入五花肉爆炒，
   加青椒、红椒、葱段翻炒，放
   鸡枞菌同炒至熟。
3. 加盐、鸡精、老抽调味，装盘
   即可。

特点

干香滑润，口味
独特。

- - - - - - - - - - - - - - -

操作要领：鸡枞菌
焯水不可过久，断
生即可。

QINGJIAOJIANGCHAOXINGBAOGU
青椒酱炒杏鲍菇

 主辅料

杏鲍菇、青椒、
干辣椒、蒜泥、
葱段。

 调料

盐、鸡粉、水淀
粉、豆瓣酱、食
用油各适量。

🍲 做法

1. 青椒切块；洗好的杏鲍菇对半
   切开，切菱形片。沸水锅中倒
   入杏鲍菇焯煮至断生，捞出，
   装盘待用。
2. 另起锅注油，放蒜泥、干辣椒、
   豆瓣酱，炒香。放杏鲍菇、青椒，
   炒至熟透，注入清水加入盐、
   鸡粉，炒匀，用水淀粉勾芡，
   炒至收汁。
3. 倒入葱段翻炒均匀，关火后盛
   出菜肴，装盘即可。

特点
咸香微辣，佐食
下饭。

- - - - - - - - - - - -

操作要领：焯好的
杏鲍菇可放入凉
水中冷却，能增强
其口感的爽脆。

YAROUCHAOJUNGU

鸭肉炒菌菇

主辅料

鸭肉、白玉菇、香菇、彩椒、圆椒、姜片、蒜片。

调料

盐、鸡粉、生抽、料酒、水淀粉、食用油适量。

做法

1. 香菇切片；白玉菇去根部；彩椒、圆椒切粗丝；鸭肉切条，加盐、生抽、料酒、水淀粉、食用油，拌匀。
2. 锅中加水、香菇、白玉菇，略煮一会儿。放彩椒、圆椒、食用油，煮至断生，捞出。
3. 用油起锅，放姜片、蒜片、鸭肉、煮好的食材，炒匀。加盐、鸡粉、水淀粉、料酒，炒匀盛出即成。

特点

菌菇爽口嫩滑，鸭肉味道鲜美。

- - - - - - - - - - -

操作要领：鸭肉氽煮一会儿再炒，可去除腥味。

白菜炒菌菇

 主辅料

大白菜、蟹味菇、
香菇、姜片、葱段。

调料

盐、鸡粉、蚝油、水淀
粉、食用油各适量。

做法

1. 将洗净的蟹味菇切去老茎；洗好的香菇切成片；
   洗净的大白菜切成小块。
2. 锅中注水烧开，加入盐、食用油、白菜块、香菇、
   蟹味菇，煮约半分钟，捞出。
3. 用油起锅，放入姜片、葱段，爆香，倒入焯煮过
   的食材，再加入蚝油、鸡粉、盐调味。
4. 倒入水淀粉，翻炒至食材入味，盛出炒好的食材，
   装入盘中即成。

干锅菌菇千张

主辅料

五花肉、千张、平
菇、草菇、姜片、干
辣椒、葱段、蒜泥。

调料

盐、鸡粉、生抽、豆瓣
酱、番茄酱、辣椒油、水
淀粉、食用油各适量。

做法

1. 千张洗净切条状；草菇、平菇均洗净切成小块，
   焯水；五花肉洗净切片。
2. 用油起锅，倒入肉片，煸炒出油，入姜片、蒜泥、
   干辣椒、葱段，煸炒出香味，放入生抽、豆瓣酱
   翻炒均匀。
3. 倒入千张、平菇、草菇，放入少许盐、鸡粉快速
   炒匀，倒入少许清水，炒匀，煮至沸。
4. 淋入适量辣椒油，放入番茄酱，炒匀，再煮2分钟，
   入适量水淀粉勾芡，入葱段稍炒，装入干锅即可。

SHIGUOXINGBAOGU

石锅杏鲍菇

主辅料

杏鲍菇、青椒、茴香、红椒、姜片、蒜泥、葱段。

调料

盐、鸡粉、蚝油、料酒、生抽、水淀粉、食用油各适量。

做法

1. 洗净的杏鲍菇切片；青椒、红椒切块；茴香切小段。锅中注入适量清水烧开，加入少许盐、鸡粉，略煮片刻。倒入杏鲍菇焯煮约半分钟至其断生，捞出。

2. 用油起锅，倒入少许姜片、蒜泥、葱段，爆香，放入青椒块、红椒块，炒至变软。倒入杏鲍菇，淋入适量料酒，炒匀。转小火，加入少许生抽、鸡粉、盐，炒匀。

3. 放入适量蚝油，炒匀，注入少许清水；转中火略煮，至食材熟透，待汤汁收浓。倒入适量水淀粉勾芡，撒上茴香段，炒至断生，关火备用。取备好的石锅，盛入食材即成。

特点

口味浓郁、鲜香适口、营养丰富。

操作要领：杏鲍菇翻炒时会缩水变小，因此切片时不要切得过小，否则翻炒后会更小。

手撕香辣杏鲍菇

 主辅料

杏鲍菇、蒜泥、
葱花、剁椒。

 调料

白糖、醋、生抽、
芝麻油各适量。

 做法

1. 将洗净的杏鲍菇切段，再切条
   形。备好电蒸锅，烧开水后放
   入切好的杏鲍菇，蒸约 5 分钟，
   至食材熟透。
2. 断电后揭盖，取出蒸熟的杏鲍
   菇。将杏鲍菇放凉后撕成粗丝，
   装在盘中，摆好造型，待用。
3. 取一小碗，倒入生抽、醋，放
   入白糖，注入芝麻油，撒上蒜
   泥，拌匀，调成味汁。把味汁
   浇在盘中，放入剁椒，撒上葱
   花即可。

特点

口感和味道都
特别好，杏鲍
菇吃起来有荤
菜的感觉。

- - - - - - - - - -

操作要领：这个
菜的要求就是成
品菜出的水越少
越好。

菌菇炒鸭胗

 主辅料

白玉菇、香菇、鸭胗、彩椒、姜片、蒜泥、葱段。

 调料

盐、鸡粉、料酒、生抽、水淀粉、食用油各适量。

🍲 做法

1. 白玉菇去蒂，切段；香菇去蒂，切片；彩椒切条。鸭胗切小块，放入碗中，加盐、鸡粉、水淀粉，拌匀，腌渍10分钟。
2. 锅中注水烧开，淋入食用油，倒入白玉菇、香菇、彩椒，煮至断生，捞出；倒入鸭胗，余去血水，捞出。
3. 油锅下入姜片、蒜泥、葱段爆香；放入鸭胗、料酒、生抽，炒香；倒入白玉菇、香菇、彩椒，炒熟；加盐、鸡粉、水淀粉炒匀即可。

鸡肉丸子炖野菌

 主辅料

鸡肉、杂菌、鹌鹑蛋、圣女果。

 调料

盐、味精、老抽、香油、淀粉、清汤各适量。

🍲 做法

1. 杂菌洗净切段；鹌鹑蛋洗净煮熟，去壳；圣女果洗净。
2. 鸡肉洗净，剁末，加盐、味精、老抽、淀粉腌渍，挤成丸子。
3. 油烧热，放杂菌混炒片刻，放入清汤，下鸡肉丸子、鹌鹑蛋、圣女果，将汤烧开，淋香油即可。

鱼香杏鲍菇

主辅料

杏鲍菇、红椒、姜片、蒜泥、葱段。

调料

豆瓣酱、盐、鸡粉、生抽、料酒、醋、水淀粉、食用油各适量。

做法

1. 将洗净的杏鲍菇对半切开，切成粗丝；洗好的红椒切成细丝。
2. 锅中注水烧开，放入盐，倒入杏鲍菇，煮至断生后捞出，沥干水。
3. 起油锅，爆香姜片、蒜泥、葱段，倒入红椒丝、杏鲍菇，炒匀，加入料酒、豆瓣酱。
4. 放入生抽、盐、鸡粉，炒至熟透，淋入陈醋，炒入味，用水淀粉勾芡，盛出即成。

特点

色泽红白相间，令人食欲倍增。

操作要领：豆瓣酱含有盐分，还加了生抽，所以炒制过程中最好尝一下，再酌情增加盐量。

TANGCUXINGBAOGU
糖醋杏鲍菇

主辅料

杏鲍菇、青椒、红椒。

调料

橄榄油、盐、番茄酱、白糖、白醋各适量。

做法

1. 杏鲍菇切滚刀块，加入少许盐拌匀，使杏鲍菇入味、出水。
2. 取一小碗，放入番茄酱、白糖及白醋搅拌均匀。
3. 起油锅，放入杏鲍菇炒香，再下青椒、红椒一起拌炒。
4. 待杏鲍菇熟透后，放入做法2的酱汁炒匀，即可起锅盛盘。

特点

酸酸甜甜，十分开胃。

- - - - - - - - - - - - - - -

操作要领：糖醋汁比例要正确。

烤箱杏鲍菇

 主辅料

杏鲍菇。

 调料

蚝油、黄油、黑胡椒各适量。

做法

1. 杏鲍菇清洗干净，切成片放入烤盘，180℃烤4分钟。
2. 黄油熔化，刷在杏鲍菇表面，撒上各种混合香草或者黑胡椒粉，再烤4分钟左右沾上蚝油即可。

特点
鲜美多汁，色泽微黄。

操作要领：先把杏鲍菇烤4分钟，这样更能吸附刷在表面的黄油，味道会更香。

BANCHAOZAJUN
拌炒杂菌

主 辅 料

黑木耳、白玉菇、
蟹子菇、香菇、姜、
蒜泥。

调 料

盐、料酒、食用油、
白芝麻各适量。

做 法

1. 准备好所有材料，木耳洗净撕
   成小片，菌菇洗净备用。
2. 热锅放油，油温六成热放入姜
   蒜，倒入所有材料拌炒，调入
   调料调味。
3. 炒制 5 分钟左右放入白芝麻，
   拌匀装盘即可。

特点

口味清淡，爽
口下饭。

- - - - - - - - - - - - -

操作要领：黑市
耳事先要浸泡片
刻，这样才能去
除污渍。

ZAJUNCHAOLACHANG

杂菌炒腊肠

 主辅料

金针菇、杏鲍菇、平菇、腊肠、青椒、蒜泥。

调料

盐、鸡粉、食用油各适量。

做法

1. 腊肠切片；杏鲍菇切片；金针菇切段；平菇撕成小瓣；洗好的青椒去柄，去籽，切块。
2. 锅中注水，放腊肠，氽煮片刻，捞出；放杏鲍菇、平菇，焯煮片刻，捞出，沥干水分。
3. 用油起锅，倒入蒜泥爆香，放入青椒、金针菇炒匀，倒入腊肠、杏鲍菇、平菇，炒匀。加入盐、鸡粉炒匀，注水，翻炒至熟，盛出装盘即可。

HUOTUICHAOGANBAJUN

火腿炒干巴菌

 主辅料

干巴菌、肥瘦火腿、彩椒、蒜瓣。

调料

盐、黄酒、味精、熟猪油各适量。

做法

1. 干巴菌拣去杂质用手撕成细丝，先放盐揉捏一遍，放在清水中清洗，再撒少许面粉揉捏，然后在清水中漂洗，洗尽沙土，挤去水分。青辣椒切成丝，火腿切成3厘米长的细丝，蒜瓣切为末。
2. 炒锅置于旺火上，注入熟猪油，先将干巴菌炒熟透起锅摆在钵中，炒锅内再注入熟猪油，烧热时放入蒜泥、辣椒、火腿细丝炒熟，再放入干巴菌、盐、味精炒拌，烹入黄酒，颠锅几下即成。

XINGBAOGUCHAOTIANYUMI

杏鲍菇炒甜玉米

主辅料

杏鲍菇、鲜玉米粒、红椒、姜片、蒜泥、葱段。

调料

盐、鸡粉、白糖、料酒、食用油各适量。

做法

1. 红椒切小丁；杏鲍菇切小丁。
2. 锅中注水煮沸，加盐、食用油，倒入杏鲍菇，煮1分钟；倒入玉米粒，续煮1分钟，捞出。
3. 用油起锅，倒入姜片、蒜泥、红椒，大火爆香；放入焯煮过的食材，翻炒匀。
4. 淋上料酒，炒香；加盐、鸡粉、白糖、葱段，炒匀调味即可。

特点

整道菜吃起来真可谓堪比肉味。

操作要领：加入蚝油，味道更鲜美。

ZHAOSHAOHUAYEXINGBAOGU

照烧花椰杏鲍菇

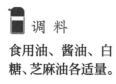 主辅料

杏鲍菇、西兰花、
姜、葱、蒜。

 调料

食用油、酱油、白
糖、芝麻油各适量。

做法

1. 杏鲍菇切块；葱切段；姜、蒜
   切片；西兰花洗净、取小朵，
   焯烫后备用。
2. 起油锅，加入姜片、蒜片、葱
   段爆香，再放入杏鲍菇拌炒。
3. 加入西兰花，用中火翻炒，再
   加入酱油、白糖、芝麻油一起
   翻炒入味即可。

特点

杏鲍菇肉感很
强，口感、味
道都很好。

- - - - - - - - - -

操作要领：因为
杏鲍菇煎的时候
会出水，所以没
有加水也不至于
会太咸。

手撕杏鲍菇

 主辅料
杏鲍菇、青椒、红椒、蒜泥。

调料
生抽、陈醋、白糖、盐、香油各适量。

做法

1. 洗净的杏鲍菇切条；洗净的青椒、红椒均去籽，切末。蒸锅上火烧开，放入杏鲍菇，盖上锅盖，大火蒸至熟，取出放凉。
2. 取一个碗，倒入蒜泥、青椒、红椒，拌匀，加入生抽、白糖、陈醋、盐、香油，搅匀调成味汁。
3. 将放凉的杏鲍菇撕成细条，再撕段，浇上调好的味汁即可。

黑椒杏鲍菇

 主辅料
杏鲍菇、黄油。

 调料
盐、黑胡椒各适量。

做法

1. 洗好的杏鲍菇切棋子段，备用。
2. 用油起锅，倒入黄油，烧至熔化，放入杏鲍菇煎出焦黄色，盛出装盘。
3. 把黑胡椒磨成粒，装入碗中，加入盐混匀，撒在杏鲍菇上，趁热食用即可。

HULUOBOCHAOXINGBAOGU

胡萝卜炒杏鲍菇

主辅料

胡萝卜、杏鲍菇、
姜片、蒜泥、葱段。

调料

盐、鸡粉、蚝油、
料酒、食用油、
水淀粉各适量。

做法

1. 将洗净的杏鲍菇切成片；洗净
   去皮的胡萝卜对半切开，斜刀
   切段，改切片。
2. 锅中注水烧开，放入食用油、
   盐，倒入胡萝卜片、杏鲍菇，
   焯水捞出，装盘。
3. 起油锅，爆香姜片、蒜泥、葱
   段，倒入焯煮好的食材，炒匀，
   淋入料酒，炒香炒透。
4. 转小火，加入盐、鸡粉、蚝油，
   炒至熟透，倒入水淀粉勾芡，
   盛出装盘即成。

熏腊肉炒杏鲍菇

主辅料

腊肉、杏鲍菇、姜片、蒜泥、葱段。

调料

盐、蚝油、鸡粉、胡椒粉、水淀粉、食用油各适量。

做法

1. 将腊肉切片；杏鲍菇对半切开，切段，改切片。锅中注水烧开，放入杏鲍菇。放盐，焯煮约半分钟至断生，把杏鲍菇捞出待用。

2. 用油起锅，放入腊肉，炒香，加入姜片、蒜泥，炒匀。放蚝油、杏鲍菇、盐、鸡粉、胡椒粉，炒匀调味。

3. 放葱段、水淀粉，将炒好的菜肴盛出装盘即可。

特点

味道鲜美又营养。

操作要领：杏鲍菇焯水的时间不宜过长，以免影响炒制后的口感。

XIANGGUFEICHANG
香菇肥肠

 主辅料

卤猪肠、水发香
菇、干辣椒、姜
片、蒜泥、葱段。

调料

盐、鸡粉、豆瓣
酱、老抽、料酒、
水淀粉、食用油
各适量。

 做法

1. 把泡发洗净的香菇切成小块，
   卤猪肠切小块，装盘，待用。
2. 热油锅，放入姜片、蒜泥、葱段，
   再倒入干辣椒，炒出辣味。
3. 然后放入猪肠，翻炒均匀，
   淋入料酒，拌炒一会儿，再加
   入少许清水。
4. 放入豆瓣酱、老抽、盐、鸡粉，
   调成小火，快速炒匀调味，倒
   入适量水淀粉，快速炒至汤汁
   收干，盛出，装盘即可。

特点
口感清脆香甜，
是家常菜常备
菜品。

- - - - - - - - - -

操作要领：卤猪
肠入锅后，可适
当地再添加一些
清水，并延长煮
制的时间，将油
脂煮出。

XIANGGUPACAIXIN
香菇扒菜心

主辅料

菜心、鲜香菇。

调料

盐、水淀粉、味精、白糖、料酒鸡精、老抽、蚝油、食用油、芝麻油各适量。

做法

1. 将菜心修齐整，香菇切成小块。
2. 热水锅，加入少许食用油、盐，放入菜心，拌匀，焯煮，捞出。
3. 倒入香菇拌匀，焯煮片刻去除杂质，捞出，沥干水分备用。
4. 热油锅，放入菜心，加入盐、味精、白糖、料酒、少许水淀粉，快速拌炒匀，装盘。
5. 另起油锅，倒入香菇炒匀，加入料酒、蚝油、适量清水、盐、鸡精、老抽、少许水淀粉拌炒均匀，加入少许芝麻油，炒匀，将香菇盛在菜心上即可。

特点

口感清脆香甜。

操作要领：菜心入锅烹饪的时间不宜过长，炒熟即可，以减少营养素的流失。

野山椒杏鲍菇

 主辅料

杏鲍菇、野山椒、
尖椒、葱丝。

调料

盐、白糖、鸡粉、陈醋、
食用油、料酒各适量。

做法

1. 洗净的杏鲍菇切片；洗好的尖椒切小圈；野山椒
   剁碎。
2. 锅中注入清水烧开，倒入杏鲍菇，淋入料酒，焯
   煮片刻，盛出杏鲍菇，放入凉水中冷却。
3. 倒出清水，加入野山椒、尖椒、葱丝，加入盐、鸡粉、
   陈醋、白糖、食用油，用筷子搅拌均匀。
4. 用保鲜膜密封好，放入冰箱冷藏 4 小时，取出，
   撕去保鲜膜，将杏鲍菇倒入盘中，放上少许葱丝
   即可。

泡椒杏鲍菇炒秋葵

主辅料

秋葵、口蘑、红
椒、杏鲍菇、泡
椒、姜片。

调料

盐、鸡粉、水淀粉、食
用油各适量。

做法

1. 秋葵切块；洗好的红椒切段；洗净的口蘑、杏鲍
   菇切小块。
2. 锅中注水，放口蘑、杏鲍菇、秋葵、食用油、盐、
   红椒，煮至断生后捞出，沥干水分。
3. 用油起锅，放入姜片爆香，倒入泡椒，放入焯过
   水的食材，炒匀。加入盐、鸡粉、水淀粉翻炒至
   食材入味，盛出炒好的菜肴即可。

MATICHAOXIANGGU

马蹄炒香菇

主 辅 料

马蹄肉、香菇、
葱花。

调 料

盐、鸡粉、蚝油、
水淀粉、食用油
各适量。

做 法

1. 将马蹄肉切成片，香菇去蒂，
   切成粗丝。
2. 热水锅，加入少许盐，倒入香
   菇丝，搅匀，煮约0.5分钟；
   再放入马蹄肉，拌匀，煮约0.5
   分钟，至食材断生后捞出，沥
   干水分，待用。
3. 起油锅，倒入香菇丝和马蹄肉，
   翻炒匀，加入少许盐、鸡粉、
   适量蚝油，炒匀。
4. 再注入少许水淀粉，用大火翻
   炒一会儿，盛出，装盘，撒上
   葱花即可。

特点

味道鲜美，爽口
开胃。

- - - - - - - - - - - - - - - -

操作要领：调味时
可以放入少许白
糖，这样能保持马
蹄肉鲜脆、清甜的
口感。

GANMENXIANGGU

干焖香菇

 主辅料

鲜香菇、姜片、
胡萝卜片、葱。

 调料

盐、鸡粉、蚝油、
老抽、料酒、水
淀粉、食用油各
适量。

做法

1. 将香菇切成两片，装盘备用。
2. 热水锅，加入少许食用油，倒入香菇，煮约1分钟至熟，捞出，备用。
3. 起油锅，放入胡萝卜片、姜片、葱白爆香，倒入香菇，淋入料酒，炒匀，加入适量蚝油、盐、鸡粉、老抽，再加入少许清水，煮约1分钟至入味，加少许水淀粉，倒入洗好的葱叶，拌匀，盛出，装盘即可。

特点

味道鲜美，香脆可口。

- - - - - - - - -

操作要领：香菇鲜嫩可口，烹饪时间不宜过长，以免影响成品口感。

杏鲍菇炒火腿肠

 主辅料

杏鲍菇、火腿肠、红椒、姜片、葱段、蒜泥。

调料

蚝油、盐、鸡粉、料酒、水淀粉、食用油各适量。

做法

1. 洗好的杏鲍菇切成薄片；火腿肠切成薄片；洗净的红椒切开，去籽，再切小段。
2. 锅中注水烧开，加入盐、鸡粉、食用油，倒入杏鲍菇，煮断生，捞出，沥干。
3. 油锅爆香蒜泥、姜片，放入火腿肠炒匀，倒入杏鲍菇、红椒块，翻炒均匀。
4. 淋入料酒，加入鸡粉、盐、蚝油、水淀粉，翻炒均匀，放入葱段炒香即可。

香菇炖豆腐

 主辅料

鲜香菇、豆腐、姜片、葱段。

调料

盐、白糖、鸡粉、蚝油、生抽、料酒、水淀粉、食用油各适量。

做法

1. 豆腐切成小方块，香菇切成片，备用。
2. 热水锅，放入香菇，煮半分钟，捞出，沥干，备用。
3. 将豆腐倒入沸水锅中，煮半分钟，捞出，沥干，备用。
4. 起油锅，放入姜片、葱段，爆香，倒入香菇，炒匀，再放入豆腐块，淋入料酒、适量清水，煮至沸腾，加入适量生抽、蚝油、盐、白糖、鸡粉、适量水淀粉，炒匀，盛出，装盘即可。

香菇烧面筋

主辅料

面筋、上海青、鲜香菇、彩椒。

调料

盐、鸡粉、水淀粉、食用油各适量。

做法

1. 上海青去除老叶，再切小瓣，面筋切小段，彩椒切菱形片，香菇对半切开。
2. 热水锅，倒入上海青，加入少许盐、食用油，拌匀，煮至熟软，捞出，装盘，围好形状。
3. 沸水锅中倒入切好的面筋、香菇，拌匀，再放入彩椒片，煮至断生，捞出，沥干，待用。
4. 起油锅，倒入面筋、香菇、彩椒片，快炒变软，加入少许盐、鸡粉，炒匀，再用水淀粉勾芡，盛出，放在上海青上即可。

特点

香菇与面筋结合，味道鲜美。

- - - - - - - - - - - -

操作要领：面筋可先用温水泡一会儿，这样菜肴的口感会更佳。

95

JIACHANGROUMOJINZHENGU
家常肉末金针菇

主辅料

金针菇、肉末、葱段、红椒丝。

调料

盐、水淀粉、白糖、鸡粉、蚝油、高汤、胡椒粉、食用油各适量。

做法

1. 金针菇切去根部，装盘。备用。
2. 热油锅，倒入肉末炒香，放入金针菇翻炒均匀，倒入高汤拌炒匀，放入红椒丝炒匀。
3. 加盐、鸡粉、白糖、蚝油炒匀，用水淀粉勾芡，撒上少许胡椒粉拌炒匀，加入葱段炒匀，盛出，装盘即可。

特点

此菜肉末香软，金针菇鲜脆。

操作要领：炒制金针菇的时间不可太久，以免影响口感和外观。

HELANDOUJINZHENGU

荷兰豆金针菇

主辅料

荷兰豆、金针菇、
姜丝、红辣椒丝、
蒜泥。

调料

盐、鸡精、料酒、
水淀粉、芝麻油、
食用油各适量。

做法

1. 将洗好的荷兰豆切成丝，装盘。
2. 热水锅，加少许食用油，放入荷兰豆焯煮，捞出沥干备用。
3. 锅中另注适量清水，加盐、料酒，煮，放入洗净的金针菇，焯煮至熟，捞出备用。
4. 热油锅，倒入姜丝、蒜泥、红辣椒丝爆香，倒入煮过的荷兰豆，再放入金针菇；加入适量盐、鸡精，拌炒匀，再淋入少许料酒，略炒；加少许水淀粉勾芡，淋入少许芝麻油，拌炒匀，盛出装盘即可。

特点

金针菇鲜嫩，
荷兰豆爽口。

操作要领：金针菇不宜炒制太久，以免炒出过多水分，影响成品口感。

JINZHENGUCHAOMOYU

金针菇炒墨鱼

主辅料

墨鱼、金针菇、
红椒丝、姜片、
蒜泥、葱白。

调料

盐、鸡粉、味精、
料酒、水淀粉、
食用油各适量。

做法

1. 金针菇切去根部，墨鱼剥去外皮，切成丝，装碗，加入少许盐、味精、料酒，拌匀，腌渍10分钟。
2. 热水锅，倒入墨鱼丝，氽烫片刻，捞出，沥干水分，装碗待用。
3. 起油锅，倒入红椒丝、姜片、蒜泥、葱白，爆香；倒入氽过水的墨鱼，炒匀；淋入少许料酒提鲜；倒入金针菇，翻炒约1分钟至熟软；转小火，加盐、鸡粉，炒匀调味；加少许水淀粉勾芡，炒匀，盛出，装盘即可。

特点

墨鱼鲜嫩，金针菇可口。

- - - - - - - - - -

操作要领：新鲜墨鱼烹制前，要将其内脏清除干净，因为其内脏中含有大量的胆固醇。

丝瓜炒金针菇

 主辅料

丝瓜、金针菇、红椒、姜片、蒜泥、葱白。

调料

盐、鸡粉、生抽、水淀粉、料酒、食用油各适量。

做 法

1. 将丝瓜、红椒切成小块，金针菇切去老茎。
2. 起油锅，放入姜片、蒜泥、葱白，爆香；倒入切好的丝瓜、红椒，翻炒均匀；放入金针菇，炒匀；淋入少许料酒，翻炒至食材熟软；加入适量盐、鸡粉、生抽，炒匀；倒入适量水淀粉，快速拌炒均匀，盛出，装盘即可。

香菇烧冬笋

主辅料

香菇、冬笋、豆苗、葱段、小米椒。

调料

盐、酱油、蚝油、各适量。

做 法

1. 香菇洗净，放入水中浸泡至软；豆苗、冬笋洗净，切片。
2. 锅中加适量清水，烧沸放入豆苗焯烫片刻，捞起，沥干水。
3. 另起锅，放油烧热，放入冬笋、香菇翻炒，再下入豆苗，调入葱段、小米椒、酱油、盐、蚝油，炒匀即可。

MUERSHANYAO
木耳山药

主辅料

水发木耳、去皮
山药、圆椒、彩
椒、葱段、姜片。

调料

盐、鸡粉、蚝油、
食用油各适量。

做法

1. 圆椒切开，去籽，切成块；彩椒切开，去籽，切片；去皮的山药切成厚片。

2. 热水锅，倒入山药片、泡发好的木耳、圆椒块、彩椒片，拌匀，余煮片刻至断生，捞出，沥干水分，待用。

3. 起油锅，倒入姜片、葱段，爆香；放入蚝油，再放入余煮好的食材；加入盐、鸡粉，翻炒片刻至入味，盛出，装盘即可。

特点

开胃消食，特别适合儿童。

操作要领：切好的山药可放入盐水中浸泡片刻，以免氧化。

KUGUACHAOMUER

苦瓜炒木耳

 主辅料

苦瓜、水发木耳、
红椒。

调料

盐、鸡粉、生抽、
蚝油、水淀粉、
食用油各适量。

做法

1. 苦瓜、红椒去籽，用斜刀切成
   小块，木耳切成小块。
2. 热水锅，加入少许盐，倒入适
   量食用油，再放入木耳，煮熟，
   捞出，沥干水分备用。
3. 热油锅，倒入苦瓜、红椒，翻
   炒片刻；放入焯好的木耳，翻
   炒均匀；淋入少许清水，翻炒
   片刻；放入适量盐、鸡粉，再
   淋入少许生抽、蚝油，炒匀调
   味，倒入适量水淀粉，炒匀，
   盛出，装盘即可。

特点

爽脆清甜，咸
香适口。

- - - - - - - - -

操作要领：用漏
勺捞出焯煮好的
市耳后，可将漏
勺多颠几下，这
样有助于沥干市
耳中的水分。

明笋香菇

 主辅料

鲜香菇、水发笋干、瘦肉、彩椒。

 调料

盐、生抽、料酒、水淀粉、食用油各适量。

做法

1. 洗净的彩椒切成小块；洗好的笋干切成小块；洗净的香菇切成小块；洗好的瘦肉切成小块。
2. 热锅注油，放入瘦肉，翻炒至变色，倒入笋丁，翻炒匀，注入适量清水，淋入料酒，煮沸。
3. 倒入香菇煮熟，加入盐、生抽炒匀，放入彩椒，倒入水淀粉翻炒均匀即可。

红烧双菇

 主辅料

鸡腿菇、鲜香菇、上海青、姜片、蒜泥、葱段。

 调料

盐、鸡粉、料酒、老抽、生抽、芝麻油、水淀粉、食用油各适量。

做法

1. 鸡腿菇切片；香菇斜刀切段；上海青切小瓣。
2. 热水锅内加盐、食用油，倒入上海青，煮至断生，捞出，摆盘；鸡腿菇、香菇倒入沸水中煮0.5分钟。
3. 起油锅，倒入姜片、蒜泥、葱段，爆香，放入鸡腿菇、香菇，淋入料酒、少许老抽、生抽，加少许盐、鸡粉，炒匀；倒入水淀粉，拌匀；淋入芝麻油后盛出，装在上海青上即可。

金针菇木耳蒸鸡腿

主辅料

鸡腿肉块、金针菇、水发黑木耳、葱花、蒜片、姜片。

调料

盐、鸡粉、白糖、蚝油各适量。

做法

1. 鸡腿肉块装碗，加入盐、鸡粉、白糖、蒜片、姜片、蚝油、拌匀，腌渍15分钟至入味。

2. 往腌好的鸡腿肉中放入泡好的黑木耳，拌匀。

3. 将洗净的金针菇平铺在盘子中，放上拌好的鸡腿肉和黑木耳；取出已烧开水的电蒸锅，放入食材；盖上盖，蒸20分钟至食材熟软；揭开盖，取出金针菇木耳蒸鸡腿，撒上葱花即可。

特点

酸辣开胃，咸香味美。

- - - - - - - - - - -

操作要领：鸡肉本身有鲜味，可不放鸡粉。

燕窝松子菇

主辅料

鸡腿菇、黄瓜、秀珍菇、彩椒、水发燕窝、松子仁、蒜泥。

调料

盐、鸡粉、白糖、水淀粉、食用油各适量。

做法

1. 鸡腿菇切片，再切成细丝；黄瓜、彩椒切成粗丝；秀珍菇切开；燕窝切成小块。
2. 热水锅，倒入鸡腿菇，淋入适量料酒，拌匀，煮约1分钟；倒入秀珍菇，拌匀，放入彩椒，拌匀，捞出，沥干，待用。
3. 起油锅，倒入蒜泥，爆香，放入焯过水的材料，倒入黄瓜，快速炒匀；加入少许盐、鸡粉、白糖，倒入水淀粉勾芡；放入燕窝、松子仁，炒约2分钟至其入味，盛出，装盘即可。

特点

口味香甜，爽脆鲜美。

操作要领：鸡腿菇和秀珍菇可以用手撕成条，口感会更佳。

SUCHAOZAJUN

素炒杂菌

 主辅料

白玉菇、金针菇、香菇、鸡腿菇片、草菇片、蒜苗。

调料

盐、味精、白糖、料酒、鸡粉、水淀粉、食用油各适量。

做法

1. 将金针菇、白玉菇切去根部 香菇切去蒂，改切成片；蒜苗切段。
2. 锅中注水，加盐、鸡粉、食用油煮沸，倒入鸡腿菇、草菇煮片刻，倒入香菇煮沸，再倒入白玉菇焯煮片刻，捞出。
3. 另起油锅，放入蒜苗梗煸香，倒入草菇、鸡腿菇、香菇和白玉菇，炒匀；淋入少许料酒拌匀，加盐、味精、白糖和鸡粉，再倒入金针菇，翻炒片刻至熟；倒入蒜苗叶，再加入少许水淀粉勾芡，淋入少许熟油拌匀，盛盘即可。

特点

口味咸香清甜，种类多样，口感丰富，能增进食欲。

- - - - - - - - - -

操作要领：不宜加太多的盐和味精，否则就会失去菌类本身的鲜味。

ZAGUCHAOROUSI
杂菇炒肉丝

主辅料

鸡腿菇、口蘑、香菇、芹菜、五花肉、青椒、红椒、姜丝、蒜泥。

调料

味精、盐、白糖、料酒、水淀粉、食用油各适量。

做法

1. 把鸡腿菇、口蘑、香菇切丝；芹菜切段；青椒、红椒去籽，切细丝；五花肉切丝，加盐、味精、水淀粉拌匀，倒入少许食用油，腌渍片刻。

2. 热水锅，加盐拌匀，放入鸡腿菇、口蘑、香菇，焯煮，捞出备用。

3. 热油锅，放入姜丝、蒜泥爆香，倒入肉丝，淋入少许料酒，翻炒均匀；倒入鸡腿菇、口蘑、香菇、芹菜、青椒、红椒，翻炒至材料熟透，加盐、味精、白糖调味，用水淀粉勾芡，淋入熟油炒匀，装盘即可。

特点

鲜香开胃，十分下饭。

操作要领：肉丝下锅翻炒至出油后再放入其他食材，成菜的味道会更好。

YOUYUCHASHUGU
鱿鱼茶树菇

 主辅料
鱿鱼、茶树菇、姜
片、蒜泥、葱段。

调料
盐、鸡粉、料酒、水淀
粉、食用油各适量。

 做法

1. 鱿鱼两面切十字花刀,再切块;茶树菇切成两段。
2. 沸水锅中倒入切好的鱿鱼,余烫片刻至鱿鱼变卷,
   捞出,沥干,装盘待用。
3. 锅中继续倒入切好的茶树菇,余烫约1分钟至断
   生,捞出,沥干水分,装盘待用。
4. 起油锅,倒入姜片和蒜泥,爆香,放入余烫好的
   鱿鱼和茶树菇,快速翻炒数下,加入料酒、盐、
   鸡粉,炒匀调味,用水淀粉勾芡,倒入葱段,翻
   炒至收汁,装盘即可。

WUHUAROUCHASHUGU
五花肉茶树菇

 主辅料
五花肉、水发茶
树菇、蒜薹、甜
椒、姜片、葱段。

调料
料酒、鸡粉、生抽、食
用油各适量。

做法

1. 蒜薹切段;彩椒去籽,切块;茶树菇切去根部;
   五花肉切薄片。
2. 热油锅,倒入五花肉,翻炒出香味,淋入少许料
   酒、生抽,翻炒去腥上色;倒入葱段、姜片、彩
   椒,快速翻炒均匀,放入茶树菇、蒜薹,翻炒片
   刻;加入些许鸡粉、生抽,翻炒调味,盛出,装
   盘即可。

YOUMENJIAOBAICHASHUGU

油焖茭白茶树菇

主辅料

茭白、茶树菇、芹菜、蒜泥、姜片、葱段。

调料

盐、鸡粉、料酒、蚝油、水淀粉、食用油各适量。

做法

1. 芹菜切段，去皮的茭白切滚刀块，茶树菇切段。
2. 热水锅，放入少许盐、鸡粉，倒入茭白，搅匀，煮30秒至五成熟；加入茶树菇，拌匀，煮片刻，捞出，沥干水分，待用。
3. 起油锅，放入姜片、蒜泥，爆香，倒入焯过水的茭白和茶树菇，炒匀，加入料酒、蚝油、盐、鸡粉，炒匀调味；注入适量清水，煮1分钟至其入味；放入芹菜，炒匀，淋入适量水淀粉勾芡；放入葱段，炒匀，盛出，装盘即可。

特点

色泽金黄，外形美观。

操作要领：茶树菇本身味道很鲜，可以适量少放些鸡粉。

SHUANGGUCHAOKUGUA

双菇炒苦瓜

 主辅料

茶树菇、苦瓜、口蘑、胡萝卜片、姜片、蒜泥、葱段。

调料

生抽、盐、鸡粉、水淀粉、食用油各适量。

做法

1. 茶树菇切段；苦瓜去籽，切片；口蘑切片。
2. 热水锅，放入少许食用油，倒入苦瓜，搅匀，煮约1分钟；再放入茶树菇、口蘑，搅匀，煮约30秒；倒入胡萝卜片，搅拌几下，略煮片刻，捞出，待用。
3. 起油锅，放入姜片、蒜泥、葱段，爆香，倒入焯过水的食材，翻炒均匀；放入生抽、盐、鸡粉，炒匀调味，淋入适量水淀粉，炒匀，盛出，装盘即可。

特点

鲜嫩的苦瓜与双菇搭配，可谓是鲜上加鲜的吃法。

操作要领：焯煮苦瓜时，加少许食用油，可使苦瓜颜色更加翠绿。

蚝油青豆杏鲍菇

 主辅料

杏鲍菇、青豆、蒜泥、葱段。

 调料

盐、鸡粉、蚝油、水淀粉、食用油各适量。

做法

1. 将杏鲍菇切开，再切成条形，改切成丁。
2. 热水锅中加入少许食用油、鸡粉、盐，倒入杏鲍菇，拌匀，煮约30秒，再倒入洗净的青豆，搅匀，煮约30秒，至食材断生后捞出，沥干水分，待用。
3. 起油锅，放入蒜泥、葱段，爆香，倒入焯煮过的食材，炒匀，加入少许盐、鸡粉，放入适量蚝油，炒匀调味，倒入少许水淀粉，翻炒至食材熟透，盛出，装盘即可。

酱焖杏鲍菇

 主辅料

杏鲍菇、姜末、蒜泥、葱段。

 调料

盐、鸡粉、料酒、黄豆酱、老抽、水淀粉、食用油各适量。

做法

1. 将杏鲍菇切段，对半切开，改切成片。
2. 热水锅，放入少许盐、鸡粉，倒入杏鲍菇，加入少许料酒，煮2分钟至熟，捞出，备用。
3. 起油锅，爆香姜末、蒜泥、葱段，倒入杏鲍菇，炒匀，放入料酒、黄豆酱、适量水、鸡粉、少许盐、老抽，炒匀；倒入适量水淀粉，炒匀，盛出，装盘即可。

甲鱼竹荪蛋

主辅料

甲鱼、竹荪蛋、大尖椒、独大蒜、仔鸡块、姜片、葱段、干辣椒节。

调料

盐、料酒、胡椒粉、味精、香油、花椒油、郫县豆瓣、花椒粒、水豆粉、熟菜油各适量。

做法

1. 将甲鱼初加工洗净剁块，仔鸡块、竹荪蛋锯上花刀，保持原状，分别余水待用，大尖椒改刀成寸节待用。

2. 炒锅下熟菜油、郫县豆瓣、干辣椒节、花椒粒、姜片、葱段炒香，去渣，下甲鱼、仔鸡块、竹荪蛋、独大蒜，调入盐、料酒、胡椒粉，烧30分钟，再下尖椒煮熟，用水豆粉勾芡，再调入味精、花椒油、香油起锅装盘，摆成形即成。

特点

入口嫩脆爽滑，甚是鲜美。

操作要领：调料要炒出香味，烧制时宜用小火。

ZHUSUNGUIYUJUAN
竹荪桂鱼卷

ZHUSUNGUIYUJUAN

主辅料

竹荪、桂鱼、上海青。

调料

盐、味精、糖、水淀粉、淀粉各适量。

做法

1. 将桂鱼治净，肉剁成泥。竹荪用淡盐水泡开，剪成段，并从一边破开成片状待用。

2. 桂鱼肉泥加盐、味精，加一小匙淀粉拌匀成馅料。沥干竹荪片水分，取一撮馅料卷成竹荪卷，入锅蒸熟。上海青焯熟装盘垫底。

3. 锅里放一勺水，加糖、盐、味精、水淀粉勾芡，将汁淋在桂鱼卷。

特点

桂鱼卷嫩脆爽滑，甚是鲜美。

操作要领：竹荪用淡盐水泡可去除异味。

LAROUZHUSUN
腊肉竹荪

 主辅料

水发竹荪、腊肉、
水发木耳、红椒、
葱段、姜片。

 调料

生抽、盐、鸡粉、
水淀粉各适量。

🍲 做法

1. 竹荪切小段；腊肉切片；红椒
   切块。
2. 锅中注水烧开，倒入竹荪，焯
   煮片刻，捞出；倒入腊肉，氽
   煮去杂质，捞出。
3. 热锅注油烧热，倒入腊肉，炒
   香；倒入姜片、葱段、木耳、
   红椒，炒匀。
4. 淋入生抽，炒匀；注入清水，
   倒入竹荪，加盐、鸡粉，炒匀
   调味；淋入水淀粉勾芡即可。

特点

腊肉红白相间、
竹荪柔中带韧、
木耳软嫩脆滑。

操作要领：干竹
荪热水浸泡30
分钟再清洗干净。

ZHUSUNDANLIUTUPIAN
竹荪蛋溜兔片

主辅料

鲜竹荪蛋、鲜兔肉、青椒、红椒、香菇、姜片、蒜片、箭头葱。

调料

盐、味精、胡椒粉、水豆粉、泡山椒水、蛋清糊、料酒、精炼油、鲜汤各适量。

做法

1. 竹荪蛋洗净改刀成片入沸水略烫待用，鲜兔肉改刀成片、码上料酒、盐、蛋清糊，入三至四成热的油锅内滑熟待用。
2. 将青椒、红椒、香菇片成状入沸水中余制待用。
3. 锅置火上放入精炼油，下姜蒜片、箭头葱炒香，掺入鲜汤，下竹荪蛋片、兔肉片、青椒、红椒、香菇片，调入盐、胡椒粉、野山椒水、料酒，烧至入味勾芡，起锅装盘即成。

特点

竹荪蛋原汁原味的鲜美表露无遗。

- - - - - - - - - - -

操作要领：竹荪蛋改刀不宜过厚，以免不入味。

114

XIANGGUDUNZHUSUN

香菇炖竹荪

 主辅料

鲜香菇、菜心、
水发竹荪、高汤。

调料

盐、食用油。

做法

1. 洗好的竹荪切成段；洗净的香菇切上十字花刀。
2. 水烧开，放入少许盐、食用油，倒入洗净的菜心煮 1 分钟，捞出沥干。
3. 将香菇倒入沸水锅中煮半分钟，加入竹荪，再煮半分钟，捞出沥干，装入碗中。
4. 将高汤倒入锅中煮沸，放入少许盐拌匀，倒入装有香菇和竹荪的碗中。
5. 将碗放入烧开的蒸锅中，盖上盖，隔水蒸 30 分钟至食材熟软揭开盖，取出蒸碗，放入焯好的菜心即可。

MOGUQIEZI

蘑菇茄子

 主辅料

茄子、蘑菇、青
豆、板栗。

调料

食用油、酱油、白糖、
生粉各适量。

做法

1. 茄子洗净，切成滚刀块；蘑菇洗净，切片；板栗去壳，烫熟备用；生粉加水调和备用。
2. 起一锅水，将茄子烫熟后，盛盘备用；将板栗捣碎备用。
3. 另起油锅，加入蘑菇、青豆及烫熟的茄子一起拌炒，待蘑菇炒软后，加入板栗碎炒匀。
4. 加入白糖及酱油一起小火熬煮入味，待酱香味弥漫后，再沿着锅缘淋上水淀粉即可盛盘。

HAOYOUJITUIGU
蚝油鸡腿菇

主辅料

鸡腿菇、蚝油、青椒、红椒。

调料

盐、老抽各适量。

做法

1. 鸡腿菇洗净，用水焯过后沥干待用；青椒、红椒洗净，切成菱形片。
2. 炒锅置于火上，注油烧热，放入焯过的鸡腿菇翻炒，再放入盐、老抽、蚝油。
3. 炒至汤汁收浓时，再放入青、红椒片稍炒，起锅装盘即可。

特点

色红油亮，爽口鲜嫩。

操作要领：新鲜鸡腿菇一定要洗干净。

JITUIGUMENNIUNAN
鸡腿菇焖牛腩

 主 辅 料

牛腩、上海
青、泡发鸡腿
菇、青椒、红
椒丁、蒜片、
姜片。

 调 料

豆瓣酱、盐各
适量。

 做 法

1. 牛腩、鸡腿菇均洗净切块；上
   海青洗净，焯水，装盘。
2. 油锅烧热，爆香姜片和蒜片，
   放进牛腩，加入豆瓣酱，放入
   鸡腿菇、辣椒丁拌炒，调入盐，
   盛出，装盘即可。

特点

牛腩的食味香
浓，惹人垂涎。

- - - - - - - - - -

操作要领：牛腩
焖至八成熟时再
下鸡腿菇。

豌豆炒口蘑

 主 辅 料

口蘑、胡萝卜、豌豆、彩椒。

调料

盐、鸡粉、水淀粉、食用油各适量。

做 法

1. 洗净去皮的胡萝卜切小丁块；洗好的口蘑切成薄片；洗净的彩椒切小丁块。
2. 锅中注水烧开，倒入口蘑、豌豆，放入胡萝卜煮约2分钟，倒入彩椒，煮至断生，捞出，沥干水分。
3. 用油起锅，倒入焯过水的材料，炒匀。加入盐、鸡粉、水淀粉，翻炒均匀，盛出炒好的菜肴即可。

蘑菇炖鸡

 主 辅 料

鸡、蘑菇、香菜段、姜末、葱末。

调料

盐、酱油、料酒、糖各适量。

做 法

1. 鸡处理干净，切块；蘑菇洗净，撕成小片。油锅烧热，放鸡块爆炒，再放姜末、葱末、盐、酱油、糖、料酒，将颜色炒匀。
2. 锅中加入适量水，将鸡块炖15分钟后倒入蘑菇，再用中火炖30分钟，撒上香菜段即可。

煎酿鸡腿菇

主辅料

鸡腿菇、菜心、蒜、姜、蚝油。

调料

糖、蘑菇汁各适量。

做法

1. 鸡腿菇洗净掰成两半；菜心洗净，焯水摆盘；大蒜洗净切大块；姜洗净切末。
2. 起油锅，放入蒜块、姜末爆香，放入蘑菇汁、糖、蚝油熬汁。
3. 鸡腿菇下油锅煎熟，起锅盖在菜心上，淋上味汁即可。

特点

红绿相间，鲜嫩清爽。

- - - - - - - - - -

操作要领：煎鸡腿菇时火候不要太大。

119

LACHAOMOGU
辣炒蘑菇

主辅料
蘑菇、红椒、熟芝麻。

调料
盐、味精、红油各适量。

做法
1. 将蘑菇泡一会儿水，再洗净，控干水分，切块；红椒洗净，切成小段。
2. 锅中注油，烧热，下入蘑菇稍炒片刻，再加入红椒翻炒至食材熟透。
3. 调入适量的盐、味精、红油炒匀，撒上熟芝麻即可。

特点
是开胃的好菜，不但好下饭，也是一道不错的下酒好菜。

- - - - - - - - - - - - - - -

操作要领：炒蘑菇时用文火即可。

 SHUIZHUMOGU
水煮蘑菇

 主 辅 料

蘑菇、熟白芝麻、
干辣椒、葱花。

调 料

豆瓣酱、盐、酱油
各适量。

 做 法

1. 蘑菇洗净，切块；干辣椒洗净，
   切段。
2. 锅中加油烧热，下豆瓣酱、干
   辣椒、酱油炒香后，加适量水
   烧开。
3. 再放入蘑菇煮至熟，加入盐调
   味，起锅装盘，撒上熟白芝麻、
   葱花。

特点

素菜荤做，蘑菇
也能吃出新滋味。

- - - - - - - - - - - - -

操作要领：蘑菇也
可事先翻炒出水。

XIANGGUOXIAOMOGU

香锅小蘑菇

主辅料

蘑菇、五花肉、芹菜、青椒、红椒。

调料

盐、鸡精、老抽各适量。

做法

1. 五花肉洗净氽水，切片；蘑菇洗净切块；青椒、红椒去蒂、籽，洗净切段；芹菜洗净切段。
2. 油锅烧热，入五花肉炒至五成熟，放蘑菇、青椒、红椒、芹菜炒香，注水焖熟。
3. 加盐、鸡精、老抽炒匀即可。

特点

香辣可口，口感丰富。

操作要领：蘑菇易熟，不可久焖。

湘煎口蘑

 主 辅 料

五花肉、口蘑、朝
天椒、姜片、蒜泥、
葱段、香菜段、。

 调料

盐、鸡粉、黑胡椒粉、
水淀粉、料酒、辣椒酱、
豆瓣酱、生抽、食用油
各适量。

做法

1. 口蘑切成片；朝天椒切成圈；五花肉切成片。锅
   中注入适量清水烧开，放入口蘑，拌匀，加入适
   量料酒，煮 1 分钟，将焯煮好的口蘑捞出，沥干
   水分，待用。

2. 用油起锅，放入五花肉，翻炒匀，淋入适量料酒，
   炒香；将炒好的五花肉盛出，待用。

3. 锅底留油，倒入口蘑，放入蒜泥、姜片、葱段，炒香；
   倒入五花肉，炒匀。放入朝天椒、豆瓣酱、生抽、
   辣椒酱，炒匀；加入少许清水，炒匀；放入适量盐、
   鸡粉、黑胡椒粉，炒匀。倒入水淀粉勾芡，关火
   后盛出装入盘中，撒入香菜即可。

香味口蘑

 主 辅 料

口蘑、猪肉、蒜、
蒜苗、红椒。

调料

盐、鸡精、香油、老抽各
适量。

 做 法

1. 猪肉洗净，切片；口蘑洗净，切片；蒜苗洗净，
   切小段；红椒洗净，切圈。

2. 热锅下油，下入蒜、猪肉炒至五成熟时放入口蘑、
   红椒、蒜苗炒熟。

3. 加入盐、鸡精、老抽调味，撒入香油即可。

FANQIECHAOKOUMO

番茄炒口蘑

主辅料

番茄、口蘑、姜片、蒜泥、葱段。

调料

盐、鸡粉、水淀粉、食用油各适量。

做法

1. 口蘑切片；番茄去蒂，切小块。锅中注水烧开，放入盐，倒入口蘑，煮至断生，捞出，沥干，待用。

2. 用油起锅，放入姜片、蒜泥，爆香。

3. 倒入口蘑，拌炒匀；加入番茄，炒匀；加盐、鸡粉调味；淋入水淀粉勾芡；盛出装盘，放上葱段即可。

特点

简单快捷，营养好吃。

- - - - - - - - - - - - - -

操作要领：炒番茄时可少加点糖。

ZHENMODUNROU

榛蘑炖肉

 主辅料

五花肉、榛蘑、
香葱、姜。

 调料

酱油、料酒、白
糖、盐、八角各
适量。

做法

1. 先将榛蘑清洗干净，放在一个
   容器内，加入温水继续泡，泡
   40~50分钟备用。
2. 五花肉洗净切块，葱洗净切段，
   姜洗净切片。
3. 锅热后放油，油热后加葱、姜
   爆香，然后放进五花肉煸炒，
   加料酒边炒边加酱油，然后加
   糖、热水、八角，用大火烧开，
   然后改中小火慢慢炖。炖出浓
   烈香味时，加入榛蘑再炖，直
   到猪肉炖烂，加盐调味，即可
   出锅。

特点

味道鲜美，营
养丰富。

- - - - - - - - -

操作要领：一定
注意清理干净榛
蘑中的沙土和杂
物，否则吃起来
会牙碜。

口蘑烧白菜

 主辅料

口蘑、大白菜、红椒、姜片、蒜泥、葱段。

调料

盐、鸡粉、生抽、料酒、水淀粉、食用油各适量。

做法

1. 口蘑切片；大白菜切小块；红椒切小块。
2. 锅中注水烧开，加鸡粉、盐，倒入口蘑，煮1分钟；倒入大白菜、红椒，煮半分钟，捞出。
3. 用油起锅，下姜片、蒜泥、葱段，爆香；倒入焯煮好的食材，炒匀；淋入料酒，加鸡粉、盐，翻炒匀。
4. 倒入生抽，翻炒至食材入味；淋入水淀粉勾芡即可。

口蘑炒火腿

 主辅料

口蘑、火腿肠、青椒、姜片、蒜泥、葱段。

调料

盐、鸡粉、生抽、料酒、水淀粉、食用油各适量。

做法

1. 口蘑切片；青椒切小块；火腿肠切片。锅中注水烧开，加盐、食用油，放入口蘑、青椒，煮至断生，捞出。
2. 热锅注油，烧至四成热，倒入火腿肠，炸约半分钟，捞出。
3. 锅底留油，下姜片、蒜泥、葱段，爆香；倒入口蘑、青椒、火腿肠，炒匀；加料酒、生抽、盐、鸡粉调味；淋入水淀粉勾芡即可。

YOUBAOYUANMO
油爆元蘑

主辅料

水发元蘑、水发
茶树菇、蒜头、
干辣椒、葱花。

调料

盐、鸡粉、老抽、
蚝油、生抽、水
淀粉、食用油各
适量。

做法

1. 将洗好的茶树菇切段；元蘑切除
   根部，再撕成粗丝。锅中注入适量
   清水烧开，放入切好的茶树菇、元
   蘑，搅散。焯煮约90秒，去除杂质，
   再捞出，沥干水分，待用。
2. 用油起锅，下入蒜头爆香，再撒
   上少许干辣椒炒香。放入焯过水的
   元蘑、茶树菇，炒匀炒香，加入生
   抽、少许老抽。放入蚝油，炒匀，
   注入适量清水，搅散。
3. 盖上盖，烧开后转小火焖约8分
   钟至熟透。揭盖，加入盐、少许鸡
   粉，炒匀调味。用适量水淀粉勾芡，
   撒上少许葱花，炒出香味即可。

特点

味道鲜美，口感
滑嫩。

操作要领：元蘑
事先用温水浸泡
的话，能够有效
缩短泡发的时间。

ZHENMOLABAOJI
榛蘑辣爆鸡

主辅料

鸡块、水发榛蘑、干辣椒、姜片。

调料

八角、花椒、桂皮、盐、鸡粉、白糖、料酒、生抽、老抽、辣椒油、花椒油、水淀粉、食用油各适量。

做法

1. 锅中注水烧开，放入洗净的鸡块，氽煮片刻，盛出，沥干水分，装入盘中。
2. 起油锅，爆香八角、花椒、桂皮、姜片、干辣椒，倒入鸡块，加入料酒、生抽、老抽。
3. 放入洗净的榛蘑，炒匀，注水，加入盐，大火煮开后转小火煮30分钟至熟透。
4. 揭盖，加入鸡粉、白糖、水淀粉、辣椒油、花椒油，拌至入味，盛出即可。

特点

榛蘑滑嫩爽口、味道鲜美、营养丰富。

操作要领：榛蘑一定要洗净褶皱里的杂质。

煎酿香菇

 主辅料

香菇、肉末、葱。

 做法

1. 香菇洗净，去蒂托；葱择洗净，切末；肉末放入碗中，调入盐、葱末拌匀。
2. 将拌匀的肉末酿入香菇中。
3. 平底锅中注油烧热，放入香菇煎至八成熟，调入蚝油、老抽和高汤，煮至入味即可盛出。

调料

盐、蚝油、老抽、高汤各适量。

特点

香菇肉白肥厚，鲜香美味。

操作要领：若用干香菇则需提前泡发。

GANMENDONGGU
干焖冬菇

主辅料

水发冬菇、葱段、姜末。

调料

糖、盐、料酒、酱油、高汤各适量。

做法

1. 水发冬菇洗净，用沸水汆一下，沥干水分。
2. 起油锅，用葱段、姜末炝锅，加入酱油、糖、料酒、盐、高汤和冬菇焖熟，等汤汁收浓后起锅即可。

特点

香菇肉厚浑圆，香气浓郁。

操作要领：用整个冬菇，成品看起来更漂亮。

黄蘑焖鸡翅

 主 辅 料

水发黄蘑、鸡翅、
姜片、蒜片、香
菜碎。

调料

八角、桂皮、花椒、盐、
鸡粉、白糖、胡椒粉、蚝
油、老抽、生抽、料酒、
水淀粉、食用油各适量。

做 法

1. 将洗净的黄蘑切段；洗好的鸡翅切上花刀，加盐、
   鸡粉、胡椒粉，淋上料酒、老抽，腌渍一会儿。
2. 锅中注水烧开，倒入黄蘑，焯煮片刻，捞出；油
   锅爆香八角、桂皮、花椒、姜片、蒜片。
3. 放入鸡翅、黄蘑，炒匀，加入料酒、生抽、蚝油，
   炒匀炒透，注入清水焖熟。
4. 加入盐、鸡粉、白糖，炒匀调味，再用水淀粉勾芡，
   至汤汁收浓，盛出，点缀上香菜碎即可。

板栗焖香菇

 主 辅 料

去皮板栗、鲜香
菇、去皮胡萝卜。

调料

盐、鸡粉、白糖、生抽、料酒、
水淀粉、食用油各适量。

做 法

1. 板栗对半切开；香菇切十字刀，成小块状；胡萝
   卜切滚刀块。
2. 用油起锅，倒入板栗、香菇、胡萝卜，翻炒均匀。
3. 加生抽、料酒，炒匀；注入清水，加盐、鸡粉、
   白糖，炒匀；加盖，用大火煮开后转小火焖15
   分钟。
4. 揭盖，淋入少许水淀粉勾芡即可。

131

DONGGUWEIJI
冬菇煨鸡

主辅料

鲜冬菇、土鸡、甜椒、生姜片。

调料

食用油、白糖、蚝油、酱油、生粉、芝麻油各适量。

做法

1. 将鲜冬菇洗净，一开四备用。甜椒去白膜，和土鸡分别切块。
2. 土鸡加酱油和生粉腌渍，接着烧热锅，下食用油和芝麻油，放入鸡块煎至表皮焦黄。
3. 接着放入冬菇、姜片、白糖、蚝油、酱油和清水，用小火煨至鸡肉入味。最后加入甜椒块，拌炒均匀即可。

特点

操作简单，香菇嫩滑，鸡肉美味。

操作要领：新煨时火不宜大，在收汁时火要大点，以增加菜式的香味。

SHIBAOXIANGGUNIUNAN

石煲香菇牛腩

 主辅料

牛腩、香菇。

 调料

盐、酱油、料酒、
水淀粉、鸡精各
适量。

做法

1. 牛腩洗净切块；香菇去根部泡
   发洗净。
2. 锅注水烧热，下牛腩余水捞出。
3. 油锅烧热，放牛腩滑炒，下香
   菇，调入盐、鸡精、料酒、酱
   油炒匀，快熟时，加水淀粉焖
   煮至汤汁收干，盛入石煲即可。

特点

色、香、味俱全，
肉味鲜美。

- - - - - - - - - - -

操作要领：牛腩
不要切得太大
块，以免不易熟。

香菇牛柳

主辅料

芹菜、香菇、牛肉、红椒。

调料

盐、鸡粉、生抽、水淀粉、蚝油、料酒、食用油各适量。

做法

1. 洗净的香菇切成片；芹菜切成段；牛肉切成条，放盐、料酒、生抽、水淀粉、食用油，拌匀腌渍入味。
2. 锅中注水烧开，倒入香菇略煮，捞出待用。
3. 热锅注油，倒入牛肉炒熟，放入香菇、红椒、芹菜，翻炒匀，加生抽、鸡粉、蚝油、水淀粉，炒至食材入味即可。

香菇烧土豆

主辅料

土豆、水发香菇、青椒、红椒、姜片。

调料

盐、酱油各适量。

做法

1. 土豆去皮，洗净切丁；青椒、红椒洗净，去籽切丁。将水发香菇洗净，切块。
2. 锅置火上，倒油加热，先放入香菇炒香。
3. 接着放入土豆、青椒、红椒、姜片炒熟，调入盐、酱油炒匀，再掺适量水煮至熟即可。

鲜菇蒸虾盏

主辅料

鲜香菇、虾仁、香菜叶。

调料

盐、鸡粉、胡椒粉、生粉、黑芝麻油、水淀粉、食用油各适量。

做法

1. 虾仁挑去虾线，再压碎，剁成虾泥，加盐、鸡粉、胡椒粉、水淀粉，搅拌至起劲，制成虾胶。
2. 把洗净的香菜叶浸在水中；香菇炒煮断生，捞出装盘，撒上生粉拍匀，放上虾胶，抹匀。
3. 再摆上香菜叶，制成虾盏，放在蒸盘中，再放进蒸锅，用大火蒸熟，取出。
4. 用油起锅，注入水烧热，加入盐、鸡粉、水淀粉、黑芝麻油，搅匀，制成味汁，浇在虾盏上即成。

特点

原汁原味，鲜美适口。

操作要领：虾泥的细腻程度可以自己决定，如果希望特别细腻，可以用搅拌机打。

GANBEIXIANGGUZHENGDOUFU

干贝香菇蒸豆腐

主辅料

豆腐、水发冬菇、干贝、胡萝卜、葱花。

调料

盐、鸡粉、生抽、料酒、食用油各适量。

做法

1. 泡发好的冬菇去柄，切粗条；洗净去皮的胡萝卜切成粒；洗净的豆腐切成块，摆入盘中。

2. 热锅注油烧热，倒入冬菇、胡萝卜、炒匀；加干贝，注入适量水，淋入生抽、料酒。

3. 加入盐、鸡粉，炒匀调味，大火收汁，将炒好的材料盛出放入豆腐中。

4. 蒸锅上火烧开，放入豆腐，大火蒸8分钟，将豆腐取出，撒上葱花即可。

特点

豆腐白嫩，咸香鲜美。

- - - - - - - - - - - - - -

操作要领：干贝一定要完全泡发后再烹制，味道会更鲜美。

CHUANKAOXIANGGU
串烤香菇

 主 辅 料

鲜香菇。

 调料

盐、孜然粉、辣
椒粉、胡椒粉、
串烧酱各适量。

做法

1. 将香菇洗净，表面划十字刀，
放盆内，加入盐、孜然粉、辣
椒粉、胡椒粉，掂匀。将香菇
串在竹签上。
2. 热一烤架，将香菇串烤至上色
后，再翻面涂上适量串烧酱，
重复此动作至酱汁入味即可。

特点
制作简单，香
辣味美。

- - - - - - - - - - -

操作要领：香菇
必须用鲜的，泡
发的不行。

137

KAONIUROUNIANGXIANGGU
烤牛肉酿香菇

(主辅料)

鲜香菇、牛肉末。

(调料)

生抽、老抽、盐、
料酒、十三香、
淀粉各适量。

(做法)

1. 将香菇洗净去柄，牛肉末加入
   生抽、老抽、盐、料酒、十三
   香沿着一个方向搅拌起筋。
2. 鲜香菇菌盖抹上一层干淀粉，
   将牛肉酿入。
3. 烤盘铺锡纸后刷油，放上香菇，
   刷上一层油，烤至香菇明显变
   小熟透即可。

特点
当牛肉遇上香
菇，二者结合，
美味至极。

- - - - - - - - - - -

操作要领：香菇
盖别压太实，松
松的就好。

HONGBOCAICHAOXIANGGU

红菠菜炒香菇

 主辅料
菠菜、鲜香菇、姜
末、蒜泥、葱花。

调料
盐、鸡粉、料酒、橄榄
油各适量。

做法

1. 洗好的香菇去蒂，切成粗丝，备用。洗净的菠菜
切去根部，再切成长段。
2. 锅置火上，淋入少许橄榄油，烧热，倒入蒜泥、
姜末，爆香，放入香菇，炒匀炒香，淋入少许料酒，
炒匀。
3. 倒入菠菜，用大火炒至变软，加入适量盐、鸡粉，
炒匀调味，盛出撒上葱花即可。

DONGGUASHAOXIANGGU

冬瓜烧香菇

 主辅料
冬瓜、鲜香菇、姜
片、葱段、蒜泥。

调料
盐、鸡粉、蚝油、食用油、
水淀粉、水淀粉各适量。

 做法

1. 冬瓜切丁；香菇切小块。
2. 锅中注水烧开，加少许食用油、盐，倒入冬瓜、
香菇，煮至断生，捞出，沥干水分，待用。
3. 炒锅注油烧热，放入姜片、葱段、蒜泥，爆香；
倒入焯过水的食材，快速翻炒均匀。
4. 注入清水，加盐、鸡粉、蚝油，翻炒片刻，盖上锅
盖，中火煮至食材入味；淋入水淀粉勾芡即可。

清蒸香菇鳕鱼

主辅料

鳕鱼肉、水发香
菇、彩椒、姜丝、
葱丝。

调料

盐、鸡粉、料酒
各适量。

做法

1. 将洗净的香菇用斜刀切片；洗
   好的彩椒切丝，改切成粒。
2. 把香菇片装入盘中，加入盐、
   鸡粉、料酒、姜丝、彩椒粒，
   拌匀，调成酱菜，待用。
3. 取一个蒸盘，放入洗净的鳕鱼
   肉，再倒入酱菜，堆放好；蒸
   锅上火烧开，放入蒸盘。
4. 用中火蒸至食材熟软，取出蒸
   好的菜肴，趁热撒上葱丝，待
   稍凉后即可食用。

特点

荤素搭配，味道
鲜美。

- - - - - - - - - - - - - -

操作要领：用泡
香菇的水去蒸味
道更重。

JIANGBAONIUROUJINZHENGU

酱爆牛肉金针菇

 主辅料

金针菇、牛肉、洋葱、姜丝。

🧂 调料

豆瓣酱、盐、料酒、白胡椒粉、水淀粉、白糖、鸡粉、芝麻油、生抽、食用油各适量。

 做法

1. 洗好的洋葱切片；洗净的金针菇切去根部；洗净的牛肉切丝。牛肉装碗，加盐、料酒、白胡椒粉、水淀粉、食用油，腌渍10分钟。
2. 锅中注水烧开，倒入金针菇，汆煮去除杂质，捞出，沥干水分。倒入牛肉，搅匀，去除血末，捞出，沥干水分。
3. 起油锅，倒入姜丝、豆瓣酱、牛肉、洋葱、料酒、生抽、清水，炒匀。加盐、鸡粉、白糖、水淀粉、芝麻油，炒匀，盛出装在金针菇上即可。

特点

香鲜浓郁，营养丰富。

- - - - - - - - - - - -

操作要领：切牛肉前可以先拍打片刻，这样炒出来的牛肉口感会更好。

芥蓝腰果炒香菇

 主辅料

芥蓝、鲜香菇、
腰果、红椒、姜
片、蒜泥、葱段。

调料

盐、鸡粉、白糖、料酒、
水淀粉、食用油各适量。

做法

1. 将洗净的香菇切粗丝；红椒切成圈；芥蓝切成
   小段。
2. 锅中注水烧开，放少许食用油、盐，将芥蓝段、
   香菇丝煮断生后捞出。
3. 热锅注油，烧至三成热，放入腰果，炸约1分钟，
   捞出待用。
4. 用油起锅，放入姜片、蒜泥、葱段爆香，倒入焯
   煮过的食材炒匀，淋入料酒，加盐、鸡粉、白糖、
   红椒圈、水淀粉炒匀，倒入炸好的腰果炒匀即可。

香菇烧火腿

 主辅料

鲜香菇、火腿、姜
片、蒜泥、葱。

调料

料酒、生抽、盐、鸡粉、
水淀粉、食用油各适量。

 做法

1. 香菇用斜刀切片；火腿切成菱形片。
2. 香菇下入沸水锅中焯煮片刻，捞出；热锅注油，
   烧至四成热，倒入火腿片，炸半分钟，捞出，沥
   干油。
3. 锅底留油烧热，倒入姜片、蒜泥、葱白，爆香；
   放入香菇，炒匀；淋入料酒，倒入火腿片，炒匀；
   加入生抽，翻炒匀。
4. 加盐、鸡粉，倒入清水，翻炒至入味；淋入水淀粉，
   撒上葱叶，炒出香味即可。

蒜泥粉丝金针菇

主辅料

金针菇、水发粉丝、剁椒、青椒末、蒜泥。

调料

盐、蒸鱼豉油、食用油各适量。

做法

1. 洗净的金针菇切掉根部，撕散，装盘；泡好的粉丝切两段，放在金针菇上。取空碗，倒入剁椒和青椒末、蒜泥，加入盐，拌匀，铺在粉丝和金针菇上。
2. 取出已烧开水的电蒸锅，放入食材，盖上盖，调好时间旋钮，蒸 10 分钟至熟。揭开锅盖，取出蒸好的蒜泥粉丝金针菇，待用。
3. 热锅注油，烧至八成热，浇在蒜泥粉丝金针菇上，淋入蒸鱼豉油即可。

特点

营养丰富，清香扑鼻。

操作要领：喜欢偏酸口味者，可在剁椒料中加入少许陈醋。

143

湘味金针菇

主辅料

金针菇、剁椒。

调料

盐、水淀粉各适量。

做法

1. 取一蒸盘，放入洗好的金针菇，铺开，待用。
2. 备好电蒸锅，放入蒸盘，盖上盖，蒸约10分钟，至食材熟透。
3. 用油起锅，放入剁椒，加入盐、水淀粉，拌匀，调成味汁。
4. 将味汁浇在蒸熟的金针菇上。

特点

酸甜爽口，葱香浓郁。

操作要领：调味汁时可加入少许芝麻油，味道会更香。

JIELANJINZHENGUZHENGFEINIU

芥蓝金针菇蒸肥牛

 主辅料

芥蓝、金针菇、
肥牛卷、蒜泥、
剁椒。

 调料

盐、料酒、生抽、
水淀粉、食用油
各适量。

做法

1. 芥蓝洗净切段；洗净的金针菇
   放入蒸盘，铺上芥蓝、肥牛卷，
   加盐、生抽、料酒。
2. 放上蒜泥、剁椒，注油，腌渍
   一会儿；备好电蒸锅，烧开水
   后放入蒸盘，盖盖。
3. 蒸约15分钟至熟，揭盖，取出，
   稍微冷却后倒出盘中的汁水，
   待用。
4. 汁水入锅煮沸，用水淀粉勾芡，
   倒油，调成芡汁，浇在蒸熟的
   菜肴上即可。

特点

芥蓝金针菇蒸
肥牛，能满足
不同人的口味
需求。

操作要领：在卷
的时候最好先把
肥牛冻一下，否
则容易碎。

YUXIANGJINZHENGU
鱼香金针菇

主辅料

金针菇、胡萝卜、
红椒、青椒、姜片、
蒜泥、葱段、姜片、
蒜泥、葱段。

调料

盐、鸡粉、豆瓣
酱、白糖、陈醋、
食用油各适量。

做法

1. 洗净去皮的胡萝卜切成丝；洗
好的青椒、红椒切成段，再切
成丝；洗好的金针菇切去老茎。
2. 用油起锅，放入姜片、蒜泥，
倒入胡萝卜丝翻炒匀，放入金
针菇，加入青椒、红椒，翻炒
均匀。
3. 放入豆瓣酱、盐、鸡粉、白糖，
炒匀调味，淋入少许陈醋炒至
食材入味，盛出撒上葱段即可。

特点

鲜美爽口、营养
丰富、味道浓郁、
鲜辣适口。

操作要领：金针
菇经过焯水和过
凉，去除了表面
的黏液，吃起来
会更加爽口。

香菇豌豆炒笋丁

 主辅料

水发香菇、竹笋、
胡萝卜、彩椒、
豌豆。

调料

盐、鸡粉、料酒、食用
油各适量。

 做法

1. 将洗净的竹笋切成丁；洗好去皮的胡萝卜切成丁；
   洗净的彩椒、香菇切成小块。
2. 锅中注水，放入竹笋、料酒、香菇、豌豆、胡萝卜，
   拌匀，煮1分钟。
3. 加入少许食用油，放入彩椒，拌匀，捞出焯煮好
   的食材，沥干水分，待用。
4. 用油起锅，倒入焯过水的食材，炒匀，加入盐、
   鸡粉，炒匀即可。

香菇蒸鸽子

 主辅料

鸽子肉、鲜香菇、
红枣、姜片、葱花。

调料

盐、鸡粉、生粉、生抽、
料酒、芝麻油、食用油
各适量。

 做法

1. 将洗净的香菇切粗丝；洗好的红枣去核，留枣肉，
   待用。
2. 洗净的鸽子肉斩成小块，装入碗中，加入鸡粉、盐、
   生抽、料酒、姜片、红枣肉、香菇丝、生粉、芝麻油，
   腌渍入味。
3. 取一个干净的蒸盘，放入腌渍好的食材，静置片
   刻；蒸锅上火烧开，放入蒸盘。
4. 盖上盖，用中火蒸约15分钟，至食材熟透；取
   出蒸好的材料，趁热撒上葱花，浇上热油即成。

JINZHENGUJISI
金针菇鸡丝

主辅料

鸡胸肉、金针菇、
红辣椒、葱、姜。

调料

盐、料酒、淀粉、
香油各适量。

做法

1. 鸡胸肉洗净切丝，姜去皮洗净
   切末，皆放入碗中加料酒、淀
   粉抓拌腌渍；葱、红辣椒分别
   洗净，切丝；金针菇洗净，切
   除根部。
2. 热锅下油，放入鸡丝、金针菇
   及适量水炒熟，加入盐炒匀，
   盛起，撒上葱及红辣椒，再淋
   上香油即可。

特点

鲜美爽口、口味
咸鲜。

- - - - - - - - - - - - - - -

操作要领：鸡肉事
先腌制入味。

JINZHENGUNIUROUJUAN

金针菇牛肉卷

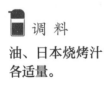 主辅料

金针菇、牛肉、
红椒、青椒。

 调料

油、日本烧烤汁
各适量。

做法

1. 牛肉洗净切成长薄片；青、红
   椒洗净切丝备用；金针菇洗净。
2. 将金针菇、辣椒丝卷入牛肉片。
3. 锅中注油烧热，放入牛肉卷煎
   熟，淋上日本烧烤汁即可。

特点

牛肉鲜美，金
针菇滑溜，经
过烤制后又有
点脆的口感。

- - - - - - - - - - -

操作要领：烧烤
汁也可用胡椒汁
代替。

香菇肉末蒸鸭蛋

 主辅料

香菇、鸭蛋、肉末、葱花。

调料

盐、鸡粉、生抽、食用油各适量。

做法

1. 洗好的香菇切成条，改切成粒，备用。
2. 取一个干净的碗，将鸭蛋打入碗中，搅散；加入盐、鸡粉，调匀，加入适量温水，拌匀，备用。
3. 用油起锅，放入肉末，炒至变色；加入香菇粒，炒匀，炒香；放入生抽、盐、鸡粉，炒匀。
4. 把蛋液放入烧开的蒸锅中，用小火蒸约10分钟，把香菇肉末放在蛋羹上，用小火再蒸2分钟，取出，放入葱花，浇上熟油即可。

荷兰豆炒香菇

 主辅料

荷兰豆、鲜香菇、葱段。

调料

盐、鸡粉、料酒、蚝油、水淀粉、食用油各适量。

做法

1. 荷兰豆切去头尾；香菇切粗丝。锅中注水烧开，加入盐、食用油、鸡粉，倒入香菇丝，略煮片刻，再倒入荷兰豆，煮至食材断生，捞出，沥干水分。
2. 用油起锅，倒入葱段，爆香，放入焯过水的荷兰豆、香菇，淋入料酒，炒匀，倒入蚝油，翻炒匀。
3. 放入鸡粉、盐，炒匀调味，倒入适量水淀粉，翻炒均匀，把炒好的食材盛入盘中即可。

SANXIANHUAZIGU

三鲜滑子菇

特点

味道鲜美，口感嫩滑。

- - - - - - - - - -

操作要领：滑子菇可放入盐水中浸泡去掉盐分。

主 辅 料

滑子菇、午餐肉、鱿鱼、虾仁、青椒、红椒。

调 料

盐、醋、水淀粉各适量。

做 法

1. 滑子菇洗净；午餐肉洗净切三角片；鱿鱼洗净切花刀；虾仁洗净；青椒、红椒均洗净切片。
2. 热油锅，放午餐肉、鱿鱼、虾仁、滑子菇、青椒、红椒翻炒，放入盐、醋、水淀粉炒匀，起锅装盘即可。

HUAZIGUCHAOROU
滑子菇炒肉

主辅料

滑子菇、猪瘦肉、
彩椒、蒜泥、姜末。

调料

酱油、黄酒、盐、
胡椒粉、五香粉、
淀粉各适量。

做法

1. 滑子菇用开水焯烫，捞出备用；
   彩椒切片；肉切片，加入胡椒粉、
   五香粉、黄酒和酱油及少许的干
   淀粉，抓拌均匀。
2. 锅中放少量油，炒香蒜泥姜末后
   下入肉片，翻炒至肉片变色，下
   入滑子菇，加入酱油，下入彩椒，
   翻炒至彩椒断生即可出锅。

特点

味道鲜美，口感
嫩滑。

操作要领：腌制
肉片时不加盐，
放适量的淀粉，
这样炒出来的肉
片会很嫩。

JIANGCHAOPINGGUROUSI

酱炒平菇肉丝

 主辅料

平菇、瘦肉、姜片、葱段。

 调料

盐、鸡粉、黄豆酱、豆瓣酱、水淀粉、料酒、食用油各适量。

做法

1. 洗净的瘦肉切成丝，待用。取碗，倒入瘦肉丝、料酒、盐、水淀粉、食用油，拌匀，腌渍入味。
2. 锅中注水烧开，倒入平菇，拌匀，焯煮断生，捞出，沥干水分。
3. 用油起锅，倒入瘦肉丝、姜片、葱段，炒香。加入适量豆瓣酱、黄豆酱、平菇，炒匀。加盐、鸡粉、水淀粉，炒入味，将炒好的菜肴，装入盘中即可。

特点

一肉一菇，一荤一素，十分下饭。

- - - - - - - - - - - -

操作要领：平菇事先需用水焯煮片刻，这样可去除其异味。

JIAOYANPINGGU
椒盐平菇

主辅料

平菇、青椒、红椒。

调料

椒盐、胡椒粉、水淀粉各适量。

做法

1. 平菇洗净，去柄，留菌盖；青、红椒洗净，切丁。
2. 锅内注适量油，平菇略裹水淀粉后下锅炸至金黄色，捞起控油。
3. 另起油锅，放入平菇及青、红椒丁翻炒均匀，加椒盐、胡椒粉调味，起锅盛盘即可。

特点

制作简单，营养丰富，鲜香可口。

操作要领：炸菇时温油慢炸，若油温升高，必须把锅端离火口炸。

金针丝瓜

 主辅料
丝瓜、金针菇、
虾皮、姜丝。

调料
盐、芝麻油、食用油各
适量。

做法

1. 将丝瓜洗净去皮，切小块；金针菇洗净，切小段；
   虾皮洗净。
2. 锅中放入少量油，爆香姜丝和虾皮，放入丝瓜，
   翻炒一会儿，加入适量水，盖上锅盖焖煮，等丝
   瓜熟软后，加入金针菇炒匀，再放入盐调味，起
   锅前撒上少许芝麻油即可。

湘味金针菇

 主辅料
金针菇、剁椒。

调料
盐、水淀粉各适量。

做法

1. 取一蒸盘，放入洗好的金针菇，铺开，待用。
2. 备好电蒸锅，放入蒸盘，盖上盖，蒸约5分钟，
   至食材熟透；断电后揭盖，取出蒸盘，待用。
3. 用油起锅，放入剁椒，加入盐，倒入水淀粉，拌
   匀，调成味汁。关火后盛出，浇在蒸熟的金针菇
   上即成。

XIEWEIGUCHAOZHUROU

蟹味菇炒猪肉

主辅料

蟹味菇、瘦猪肉、葱、姜、蒜、红辣椒。

调料

油、盐、生抽、料酒、淀粉、味精各适量。

做法

1. 蟹味菇洗净，用手撕成小条；葱姜蒜、红辣椒切好待用；猪瘦肉切成小薄片，用料酒、生抽、淀粉拌好待用。

2. 热锅烧开水，把蟹味菇焯一下，焯的蟹味菇用凉水过一下，控干水分。

3. 热锅放油，加入猪肉片翻炒，加入葱姜蒜、少量的生抽继续翻炒，先加入蟹味菇，翻炒2分钟后加入红辣椒、食盐，再翻炒片刻调入味精即可。

特点

不但颜色鲜艳，味道也很美。

- - - - - - - - - - - -

操作要领：瘦猪肉用料酒、生抽、淀粉腌制15分钟以上；蟹味菇不要焯太久。

SHANYAOXIANGGUJI

山药香菇鸡

 主辅料

山药、胡萝卜、
鸡腿、干香菇。

调料

盐、酱油、食用
油各适量。

做法

1. 山药洗净、去皮并切片；胡萝
   卜洗净，切片；香菇泡软、去
   蒂，切成四等份；鸡腿洗净后，
   剁成小块。
2. 起油锅，放入鸡腿，将其煎至
   表面金黄。
3. 放入香菇、山药、胡萝卜拌炒
   均匀，再加入酱油，并放入少
   许泡香菇的水一起熬煮。
4. 继续熬煮 10 分钟，待胡萝卜、
   山药皆已熟透，汤汁烧干时加
   盐便可出锅。

特点
营养丰富，口
味鲜美。

- - - - - - - - - -

操作要领：新鲜
山药质地松软，
久煮易化，所以
不能太早加入，
待其他材料熟软
后才可加入。

滑子菇炖鸡

 主辅料

滑子菇、母鸡、
姜片、葱段。

 调料

盐适量。

 做法

1. 把鸡剁成小块，滑子菇入温水泡开洗净。
2. 鸡块冷水入锅，大火烧开后，把浮油撇掉。
3. 转成小火后，下入姜片、葱段和滑子菇，2小时后，加入盐即可。

烤金菇牛肉卷

 主辅料

金针菇、牛肉、红
椒、青椒、姜末。

调料

生抽、蚝油、料酒、糖、
黑胡椒粉各适量。

做法

1. 牛肉洗净切成长薄片、拍松；牛肉放上调料腌制，备用；青、红椒洗净切丝备用；金针菇洗净。
2. 将金针菇、辣椒丝卷入牛肉片。用牛肉片将金针菇包起，用牙签固定。配好汁料备用。
3. 锅中注油烧热，放入牛肉卷煎至表面金黄色，浇入酱汁，出锅。

MUERCHAOBAIHE

木耳炒百合

主辅料

黄瓜、水发木耳、百合、白果、熟红豆。

调料

盐、醋、香油各适量。

做法

1. 黄瓜洗净，去皮切段；木耳、百合、白果均洗净，与黄瓜同入开水中焯水，捞出沥干水分。
2. 油锅烧热，下黄瓜、木耳、百合、白果、红豆翻炒，放入盐、醋炒匀，起锅装盘，淋上香油即可。

特点

木耳脆、百合酥，清清爽爽，美味爽口。

- - - - - - - - - -

操作要领：黑木耳用水浸泡24小时左右泡发，中间换水2~3次，夏天天气太热的话最好放入冰箱泡发。

SHANYAOCHAOMUER

山药炒木耳

主辅料

山药、水发木耳、青椒、红椒、黄椒。

调料

食用油、盐、鸡精各适量。

做法

1. 山药去皮，洗净，切菱形块；木耳洗净撕成片；青椒、红椒、黄椒分别洗净，去蒂去籽，切片。
2. 注油烧热，放入木耳和山药爆炒，加入青椒、红椒、黄椒炒匀。
3. 调入盐、鸡精调味，出锅装盘。

特点

色泽鲜艳，清爽可口。

操作要领：挑黑木耳的时候，选择颜色比较黑，看上去要干透，一朵一朵比较完整的相对优质。

韭菜木耳炒鸡蛋

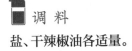 主辅料

鸡蛋、韭菜、香干、
黑木耳、蒜苗。

 调料

盐、干辣椒油各适量。

做法

1. 鸡蛋打入碗中，加盐拌匀；韭
   菜、蒜苗洗净切段；香干洗净
   切条；黑木耳洗净切条。
2. 热油起锅，倒入鸡蛋液快炒装
   盘；锅底留油，放入干辣椒、
   韭菜、蒜苗、香干、黑木耳、
   鸡蛋、盐翻炒，起锅装盘。

特点
营养丰富，制作
简单。

操作要领：打蛋液
时可在蛋液中加
入少量盐和料酒，
可使味道均匀并
保持鸡蛋鲜嫩。

MUERCHAOYOUCAI

木耳炒油菜

主辅料

油菜、木耳、姜碎。

调料

盐、鸡精、水淀粉、食用油、香油各适量。

做法

1. 准备好所有食材，木耳提前泡发，油菜洗净沥水。
2. 锅中放油爆香姜碎，下入木耳炒匀，加入盐和一点水烧开。
3. 加入油菜翻炒均匀，加入水淀粉，加入鸡精调味，出锅前淋入香油即可。

特点

木耳质地柔软，口感细嫩，味道鲜美，风味特殊。

- - - - - - - - - -

操作要领：炒制木耳时添加一点水以免溅油。

蟹味菇木耳蒸鸡腿

 主 辅 料

蟹味菇、水发木耳、鸡腿、葱花。

调料

生粉、盐、料酒、生抽、食用油各适量。

做 法

1. 泡发好的木耳切丝切碎；洗净的蟹味菇切去根部。处理好的鸡腿剔去骨，切成块。
2. 取一个碗，倒入鸡腿肉，加入盐、料酒、生抽、生粉，搅拌匀；注入食用油，拌匀，腌渍15分钟。
3. 取一个蒸盘，倒入木耳、蟹味菇、鸡腿肉，待用。蒸锅上火烧开，放上鸡腿肉，盖上锅盖，大火蒸15分钟至熟透。掀开锅盖，取出鸡腿肉，撒上葱花即可。

烤滑子菇

 主 辅 料

鲜滑子菇。

调料

盐、孜然粉、辣椒粉、胡椒粉、串烧酱各适量。

做 法

1. 将滑子菇洗净，放盆内，加入盐、孜然粉、辣椒粉、胡椒粉，掂匀。
2. 热一烤架，将滑子菇烤至上色后，再翻面涂上适量串烧酱，重复此动作至酱汁入味即可。

MUERQIANGBAOCAI
木耳炝包菜

主辅料

水发黑木耳、包菜、干红椒。

调料

花椒油、盐、醋各适量。

做法

1. 黑木耳洗净，焯水，捞出沥水；包菜洗净，切片；干红椒洗净，切丁。
2. 锅置火上，注油烧热，放入花椒油、盐、醋、干红椒同炒，再下入包菜和黑木耳翻炒均匀即可。

特点

口感脆嫩，用来下饭和送粥都不错。

操作要领：包菜要买绿色的，炒出来比白色的好吃很多。

MUERCHAOBAIYE

木耳炒百叶

 主辅料

牛百叶、水发木
耳、红椒、青椒、
姜片。

调料

盐、鸡粉、料酒、
水淀粉、芝麻油、
食用油各适量。

 做法

1. 牛百叶切小块；木耳切除根部，
   再切小块；青椒去籽，斜刀切片；
   红椒去籽，切菱形片。
2. 锅中注水烧开，倒入木耳，焯煮
   片刻；再放入牛百叶，煮去杂质，
   捞出，沥干水分，待用。
3. 用油起锅，撒上姜片，爆香；倒
   入青椒片、红椒片；放入焯过水
   的食材，炒匀；淋入料酒，炒香。
4. 注入清水，大火煮沸；加盐、鸡粉，
   炒匀调味；用水淀粉勾芡，淋上
   芝麻油，炒匀即可。

特点

色泽缤纷，营
养丰富。

操作要领：牛百
叶和市耳要事先
焯水。

蟹味菇炒小白菜

 主辅料

小白菜、蟹味菇、姜片、蒜泥、葱段。

 调料

生抽、盐、鸡粉、水淀粉、白胡椒粉、蚝油、食用油各适量。

做法

1. 小白菜切去根部，对半切开。锅中注水，加盐、食用油、小白菜，焯煮片刻至断生，捞出。将蟹味菇倒入锅中，焯煮片刻，捞出。
2. 油起锅，放姜片、蒜泥、葱段、蟹味菇、蚝油、生抽、清水，加盐、鸡粉、白胡椒粉，炒匀。放水淀粉，盛出炒好的菜肴，放入有小白菜的盘子中即可。

枸杞百合蒸木耳

 主辅料

百合、枸杞、水发木耳。

 调料

盐、芝麻油各适量。

做法

1. 取一个干净的空碗，放入泡好的木耳。倒入洗净的百合、枸杞。淋入芝麻油，加入盐，搅拌均匀；将拌好的食材装入盘中。
2. 备好已注水烧开的电蒸锅，放入食材。加盖，调好时间旋钮，蒸5分钟至熟。揭盖，取出蒸好的枸杞百合蒸木耳即可。

MUERCHAOJIANGSI
木耳炒姜丝

主辅料

木耳、姜、青葱、蒜泥。

调料

白醋、盐、食用油各适量。

做法

1. 木耳、姜及青葱洗净，切丝备用。
2. 取一碗，放入凉开水及葱丝，使其维持翠绿。
3. 起油锅，放入蒜泥爆香，再下姜丝、木耳丝一起拌炒至八分熟；加入白醋拌炒至全部吸收，再下盐、少许水一起拌炒均匀。
4. 待木耳熟透后即可装碗，最后加入葱丝即可。

特点

味道鲜美，营养丰富。

- - - - - - - - - -

操作要领：有嫩姜的话，用嫩姜炒更好些。

MUERYUANJIAOCHAOZHUGAN
木耳圆椒炒猪肝

主辅料

猪肝、木耳、青圆椒、红圆椒、葱。

调料

盐、味精、胡椒粉各适量。

做法

1. 猪肝洗净切片，木耳泡发撕片，青、红圆椒去蒂洗净切片，葱洗净切末。
2. 将所有切好的材料入沸水稍焯捞出。
3. 油锅烧热，下入所有材料和调料炒匀即可。

特点

色泽鲜艳，猪肝嫩滑。

操作要领：猪肝可加少许淀粉拌匀，以保持嫩度。

DACONGMUERBAOYANGROU

大葱木耳爆羊肉

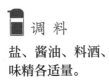 主辅料

羊肉、葱、水发木
耳、青椒、红椒。

 做法

1. 肉洗净切丝；葱洗净切斜段；
   青椒、红椒去蒂、去籽切片。
2. 油锅烧热，下羊肉爆炒，放葱、
   木耳、青椒、红椒翻炒。
3. 倒入料酒、盐、味精、酱油炒
   匀即可。

调料

盐、酱油、料酒、
味精各适量。

特点

葱香味十足，
美味又营养。

- - - - - - - -

操作要领：大葱
用料要多，才能
体现出葱香味。

FANQIESHAOSONGRONG
番茄烧松茸

主辅料

松茸、小番茄、
大番茄、黄瓜片。

调料

番茄酱、盐、胡
椒粉、料酒、味精、
白糖、精炼油、
水豆粉、鲜汤各
适量。

做法

1. 松茸和小番茄分别对剖切开，大
   番茄去皮切1.5厘米见方的丁。
2. 炒锅内放清水烧沸，加入盐、料
   酒、黄瓜片和松茸分别余水，黄
   瓜片和小番茄摆盘。
3. 炒锅放少许精炼油，下番茄丁和
   番茄酱炒出香味，掺鲜汤，放入
   松茸、盐、胡椒粉、味精，白糖
   烧入味，用水豆粉勾芡，起锅装
   盘即成。

特点

松茸鲜香味醇，
香气更浓郁，
口感好。

- - - - - - - - - -

操作要领：炒番
茄酱的精炼油应
出现红色，成菜
色泽才红亮。

MUERLACHANGZHENGHUAJI

木耳腊肠蒸滑鸡

 主辅料

鸡块、水发木耳、水发黄花菜、腊肠、姜片、红枣。

调料

芝麻酱、盐、鸡粉、生抽、老抽、料酒、蚝油、胡椒粉、食用油各适量。

 做法

1. 将腊肠切成片；取一大腕，放入备好的腊肠、鸡块、木耳、黄花菜、姜片、红枣。
2. 加芝麻酱、生抽、老抽、料酒、盐、鸡粉、蚝油、胡椒粉，拌匀。
3. 把拌好的材料装入碗中，将碗放入烧开的蒸锅，盖上盖子。
4. 用大火蒸30分钟；揭盖，把蒸好的菜肴取出即可。

MUERXIANGGUZHENGJI

木耳香菇蒸鸡

 主辅料

土鸡肉块、水发木耳、鲜香菇、姜片、葱花。

调料

盐、鸡粉、生抽、料酒、水淀粉、食用油各适量。

 做法

1. 将洗净的香菇切小块；取一个大碗，倒入鸡肉块，加料酒、鸡粉、盐、生抽、水淀粉，拌匀。
2. 倒入香菇、木耳，搅拌匀；撒上姜片，拌匀，淋入食用油拌匀，腌渍约10分钟，待用。
3. 取一个蒸盘，倒入腌渍好的材料，码放好；蒸锅上火烧开，放入蒸盘。盖上盖，用中火蒸约25分钟，至食材熟透；关火后揭盖，取出蒸盘，趁热撒上葱花即成。

香菇口蘑烩鸡片

 主 辅 料

鸡胸肉、香菇、
口蘑、彩椒、姜
片、葱段。

 调 料

盐、鸡粉、胡椒粉、水
淀粉、料酒、食用油各
适量。

做 法

1. 洗净的彩椒切大块；洗好的香菇去蒂，改切成小
   块；洗净的口蘑切成小块。
2. 洗好的鸡胸肉切块；锅中注水烧开，倒入香菇、
   口蘑，煮约1分钟，捞出。
3. 油锅爆香姜片、葱段，放入鸡胸肉炒匀，加入料
   酒炒变色，注入清水，倒入香菇、口蘑。
4. 放入彩椒拌匀，用中火煮熟，加盐、鸡粉、胡椒粉、
   水淀粉，拌匀至入味即可。

木耳枸杞蒸蛋

 主 辅 料

鸡蛋、木耳、水
发枸杞。

 调 料

盐适量。

做 法

1. 洗净的木耳切粗条，改切成块。
2. 取一碗，打入鸡蛋，加入盐，搅散。倒入适量温水，
   加入木耳，拌匀。
3. 蒸锅注入适量水烧开，放上碗。加盖，用中火蒸
   10分钟，至食材熟透。揭盖，关火后取出蒸好
   的鸡蛋，放上枸杞即可。

SONGRONGCHAOCUITUDU

松茸炒脆兔肚

主辅料

松茸菌、兔肚、西芹、甜椒、柠檬、姜、葱、蒜。

调料

香辣酱、豆瓣油、盐、味精、食用碱、料酒、白糖、水豆粉各适量。

做法

1. 松茸、西芹、甜椒改刀成菱形块，入沸水余制待用，柠檬对剖切成半圆形薄片，摆在盘的内边沿上待用。

2. 将兔肚洗净除去异物，用姜、葱、料酒、盐、食用碱码2小时后入沸水中略烫捞出，再放入水中浸泡15分钟除去碱味，将其改刀成菱形块待用。

3. 锅置火上，放入豆瓣油，下香辣酱、姜、葱、蒜炒出香味，再下料酒，同时把余好的松茸、西芹、甜椒、兔肚放入锅内一起炒香至熟、和匀，下少量的白糖、味精、水豆粉，收汁、亮油，起锅装入摆有柠檬的盘内。

特点

制作简单，味道鲜美，营养价值极高。

- - - - - - - - -

操作要领：码兔肚用的食用碱不宜太多，以免炒熟时有碱味。

SONGRONGSHAOCUISHAN
松茸烧脆鳝

主辅料

松茸、活鳝鱼、独大蒜、青红小米椒椒节、香菜、姜、蒜。

调料

香水鱼火锅底料（袋装）、豆瓣、盐、酱油、白糖、料酒、青花椒、鸡汁、鲜汤、水豆粉、香油、花椒油、精炼油各适量。

做法

1. 松茸、青红小米椒改刀成节，活鳝鱼去尾改刀成菊花状，用牙签挑出鳝鱼的内脏，入沸水氽制待用。

2. 锅置火上，放入精炼油、下豆瓣、火锅底料、姜、葱、料酒炒至油红出香味后，倒入独大蒜、松茸、小米辣椒节、菊花鳝、青花椒略炒，掺入鲜汤，放入酱油、白糖、鸡汁烧入味至熟，放花椒油、香油勾上水豆粉，亮汁、亮油，起锅装盘拼摆成形，撒上香菜即成。

特点

鲜味浓郁，口感十足。

操作要领：鳝鱼改刀时注意用力适度，以免剖断不成形。

山药木耳炒核桃

 主辅料

山药、水发木耳、
西芹、彩椒、核桃
仁、白芝麻。

调料

盐、白糖、生抽、水淀
粉、食用油各适量。

 做 法

1. 山药切片；木耳、彩椒、西芹分别切成小块，备用。
2. 锅中注水烧开，加盐、食用油，倒入山药、木耳、
   西芹、彩椒，煮至断生，捞出，备用。
3. 用油起锅，倒入核桃仁炸香，捞出放入盘中，与
   白芝麻拌均匀；锅底留油，加白糖，倒入核桃仁
   炒匀；盛出装碗，撒上白芝麻，拌匀。
4. 热锅注油，倒入焯过水的食材，翻炒匀；加盐、
   生抽、白糖，炒匀调味；淋入水淀粉勾芡；盛出
   装盘，放上核桃仁即可。

木耳烩豆腐

 主辅料

豆腐、木耳、蒜
泥、葱花。

调料

盐、鸡粉、生抽、老抽、
料酒、水淀粉、食用油
各适量。

 做 法

1. 豆腐切成小方块；木耳切成小块。
2. 锅中注水烧开，加盐，倒入豆腐块，煮1分钟，
   捞出；倒入木耳，煮半分钟，捞出，沥干水，待用。
3. 用油起锅，放入蒜泥，爆香；倒入木耳，炒匀；
   淋入料酒，炒香；加清水，放入生抽，加盐、鸡粉、
   老抽，拌匀煮沸。
4. 放入豆腐，煮2分钟至熟；淋入水淀粉勾芡，盛
   出装碗，撒入葱花即可。

木耳炒腰花

 主 辅 料

猪腰、木耳、红椒、姜片、蒜泥、葱段。

 调 料

盐、鸡粉、料酒、生抽、蚝油、水淀粉、食用油各适量。

做 法

1. 将洗净的红椒切成块；洗好的木耳切小块；猪腰切开，去筋膜，切上麦穗花刀，改切成片。
2. 猪腰加盐、鸡粉、料酒、水淀粉，腌渍入味，汆去血水后捞出；木耳焯水后捞出。
3. 油锅爆香姜片、蒜泥、葱段，放入红椒、猪腰，炒匀，淋入料酒，放入木耳，炒匀。
4. 加生抽、蚝油、盐、鸡粉、水淀粉，炒匀即可。

木耳黄花菜炒肉丝

 主 辅 料

水发木耳、水发黄花菜、猪瘦肉、彩椒。

 调 料

盐、鸡粉、生抽、料酒、水淀粉、食用油各适量。

做 法

1. 洗净的黄花菜切段；洗好的彩椒切条；洗净的猪瘦肉切细丝，加盐、水淀粉，腌渍约 10 分钟。
2. 黄花菜、木耳、彩椒焯水后捞出，沥干水分。
3. 用油起锅，倒入肉丝、料酒，炒香，加入焯过水的材料，炒匀，放入盐、鸡粉、生抽、水淀粉，炒至食材入味，盛出炒好的菜肴即可。

SHUABASONGRONGSHENBAO

刷把松茸肾宝

主辅料

松茸菌、鸡肾、胡萝卜、茄皮、圣女果、蒜苗叶、西兰花、姜、葱。

调料

盐、味精、鸡精、香料、香精、料酒、胡椒粉、鲜汤、水豆粉、鸡油各适量。

做法

1. 松茸、茄皮、胡萝卜切成细丝，蒜苗叶撕成长丝，入沸水略烫捞出放于器皿内，用蒜苗丝把松茸、茄皮、胡萝卜丝的一端栓起来，成刷把形，用刀改齐待用。西兰花切成朵状，圣女果对剖开刀，入沸水中余熟待用。

2. 鸡肾入沸水中余至定形，对刨改成十字花刀，放入由香料、香精、盐、姜、葱、料酒、鸡精、胡椒粉、鲜汤组成的白卤汁中，卤制5分钟，捞起待用。

3. 锅置火上，放入鸡油，下姜葱炒香，掺入白卤汁，放味精、胡椒粉调味烧沸，去姜葱，倒入刷把松茸、西兰花、圣女果、鸡肾烧制入味，勾上水豆粉起锅放入盘内拼摆成形即可。

特点

造型美观，入口咸香。

- - - - - - - - -

操作要领：注意鸡肾余制时间不宜太长，以免改十字刀口时不能翻花，影响成形。

LAROUCHAOJIZONGJUN
腊肉炒鸡枞菌

主辅料

腊肉、鸡枞菌、
葱段、蒜薹。

调料

盐、味精、香油、
豆粉、精炼油各
适量。

做法

1. 腊肉煮熟后与鸡枞菌分别切成
   二粗丝，蒜薹切段。
2. 炒锅置火上，下精炼油烧至七
   成热，鸡枞菌丝放盐和豆粉后
   下锅炸熟沥油，炒锅留少许油
   下腊肉、葱段炒香，再投入鸡
   枞菌、盐、味精、香油炒匀，
   起锅装盘即成。

特点

味道鲜美，令
人食欲大增。

- - - - - - - -

操作要领：掌握
好盐的用量，不
易过咸。

木耳炒鱼片

 主 辅 料

草鱼肉、水发木
耳、彩椒、姜片、
葱段、蒜泥。

 调 料

盐、鸡粉、生抽、料酒、
水淀粉、食用油各适量。

 做 法

1. 木耳切小块；彩椒切小块；草鱼肉切片，装碗，
   加鸡粉、盐、水淀粉、食用油，腌渍 10 分钟。
2. 热锅注油，烧至四成热，放入滤勺，倒入鱼肉，
   炸至鱼肉断生，捞出，沥干油。
3. 锅底留油，放入姜片、蒜泥、葱段，爆香；倒入彩椒、
   木耳，炒匀。
4. 倒入腌渍好的草鱼片，淋入料酒，加鸡粉、盐、
   生抽、水淀粉，快速翻炒至食材熟透即可。

木耳清蒸鳕鱼

 主 辅 料

鳕鱼、木耳、胡萝
卜、葱丝、姜丝。

调 料

盐、糖各适量。

做 法

1. 鳕鱼洗净；木耳泡水去杂质，洗净，切成细丝；
   胡萝卜洗净去皮，切细丝。
2. 鳕鱼放入大盘中，撒上木耳丝、胡萝卜丝、姜丝、
   葱丝、糖、盐，放入蒸锅，用大火蒸 20 分钟即可。

鱼鳔木耳煲

 主辅料

鱼鳔、金针菇、水发木耳、姜片、蒜泥、葱段、葱花。

 调料

料酒、生抽、鸡粉、盐、蚝油、食用油各适量。

做 法

1. 锅中注水烧开，淋入料酒，放入鱼鳔，氽去血渍，捞出。
2. 用油起锅，倒入姜片、蒜泥、葱段，爆香；放入金针菇、木耳，炒至变软。
3. 倒入鱼鳔，炒匀；淋入料酒、生抽，加鸡粉、盐，炒匀调味；放入蚝油，炒匀、炒香。
4. 将锅中的食材盛入砂锅中，置于旺火上，盖上盖，煮至沸腾；揭开盖，撒上葱花即可。

三菇烩丝瓜

 主辅料

丝瓜、鸡腿菇、香菇、草菇、蒜片、葱末。

 调料

盐、芝麻油、白糖、胡椒粉、水淀粉、食用油各适量。

做 法

1. 丝瓜去皮，切块；香菇泡入温水，一开四；草菇一开二；鸡腿菇切滚刀块；香菇水留置备用。
2. 热油锅，下蒜片、葱末爆香，再放入鸡腿菇、香菇和草菇炒出香味。
3. 放入丝瓜块跟香菇水煮开，接着加入盐、白糖、胡椒粉调味，再盖上锅盖，焖煮10分钟。
4. 最后以水淀粉勾芡、淋上芝麻油，炒匀即可。

虫草花香菇蒸鸡

 主辅料

鸡腿肉块、水发香菇、水发虫草花、枸杞、红枣、姜丝。

🧂 调料

盐、蚝油、干淀粉、生抽各适量。

🍲 做法

1. 将洗净的香菇切片；洗好的虫草花切小段。鸡腿肉块装碗中，放入生抽、姜丝、蚝油、盐，倒入洗净的枸杞。撒上干淀粉，搅拌均匀，腌渍约 10 分钟，待用。
2. 取一蒸盘，倒入腌渍好的食材，放入香菇片，撒上虫草花段，放入洗净的红枣，备用。备好电蒸锅，烧开水后放入蒸盘，盖上盖，蒸约 20 分钟，至食材熟透。
3. 断电后揭盖，取出蒸盘，稍微冷却后即可食用。

虫草狮子头

 主辅料

猪肋条肉、西兰花、虫草花。

🧂 调料

黄酒、盐、葱姜汁、干淀粉各适量。

🍲 做法

1. 猪肉刮净、出骨、去皮。将肥肉和瘦肉先分别细切粗斩成细粒，用黄酒、盐、葱姜汁、干淀粉拌匀，做成大肉圆，放在汤里。
2. 再和虫草花、西兰花一起上笼蒸50分钟，使肉圆中的油脂溢出即可。

DANHUANGJIZONGJUN
蛋黄鸡枞菌

主辅料

鸡枞菌、咸鸭蛋黄、青椒、红椒米、鸡蛋。

调料

味精、精炼油、香油各适量。

做法

1. 鸡枞菌改刀成一字条，入沸水余制。
2. 将余制好的鸡枞菌裹鸡蛋糊，放入六七成热的油锅中炸成金黄色捞起。
3. 将咸鸭蛋黄放入锅内用小火炒翻成沙，倒入炸好的鸡枞菌、青椒、红椒米，下味精、香油翻炒均匀，起锅装盘即成。

特点

外表金黄酥脆，内里嫩滑鲜美。

操作要领：炒蛋黄时火不宜过大，以免蛋黄炒糊。

 SHIJINJIZONGJUN

什锦鸡枞菌

 主辅料

鸡枞菌、猪肉末、芽菜、香鸡肉、熟心、舌肚、马蹄、火腿、青红小米椒、芹菜、姜米、葱花、蒜米、芹菜花、蒜苗花、全蛋糊。

调料

盐、味精、料酒、酱油、吉士粉、香油、精炼油各适量。

做法

1. 鸡枞菌改刀成条入沸水氽制后放入全蛋糊内，加入盐、味精、吉士粉和匀，放入六七成热的油锅中炸制成金黄色捞起待用。

2. 将香鸡肉、熟心、舌肚、火腿、马蹄、青、红小米椒改刀成颗粒待用，姜、蒜切成粒，芹菜、蒜苗、葱切成花待用。

3. 锅置火上，放入精炼油，下肉末、芽菜、料酒、姜、蒜粒炒香，倒入改好刀的香鸡肉、熟心、舌、肚、火腿、马蹄、青、红小米椒翻炒均匀，下盐、味精、芹菜花、蒜苗花、葱花炒香至熟放香油，起锅装盘即成。

特点

鸡枞菌肉厚肥硕，质细丝白，味道鲜甜香脆。

操作要领：炒制时宜用中火。

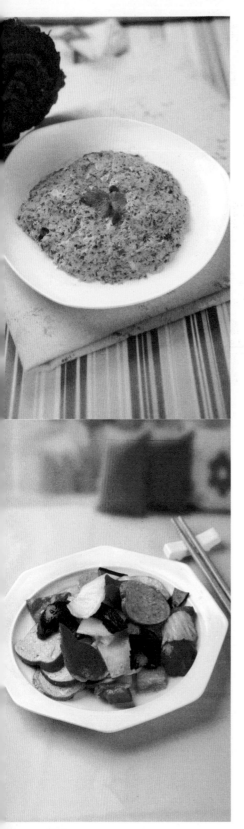

LINGZHIZHENGROUBING
灵芝蒸肉饼

 主辅料
猪肉末、灵芝末。

调料
盐、鸡粉、水淀粉、食用油各适量。

做法

1. 在猪肉末中加入盐、鸡粉、水淀粉，拌匀，倒入灵芝末，拌匀，淋入食用油，拌匀。
2. 将拌好的肉末倒在盘中，压成饼状，待用。
3. 蒸锅中注入适量水烧开，把肉饼放入蒸锅中。盖上盖，用大火蒸 15 分钟至肉饼熟透，揭盖，取出蒸好的肉饼即可。

LINGZHISUJICHAOBAICAI
灵芝素鸡炒白菜

 主辅料
白菜、彩椒、素鸡、罗汉果、灵芝。

调料
盐、鸡粉、白糖、食用油各适量。

 做法

1. 素鸡用斜刀切片；白菜、彩椒切小块；罗汉果分成小块。
2. 锅中注水烧开，加盐、食用油，倒入素鸡、彩椒、罗汉果、白菜、灵芝，煮至断生，捞出。
3. 用油起锅，倒入焯过水的素鸡、彩椒、罗汉果、白菜、灵芝，炒匀。加盐、鸡粉、白糖，炒匀调味；淋入少许水淀粉勾芡即可。

QINGGUASHAOJIZONG
青瓜烧鸡枞

主辅料

鸡枞菌、青瓜。

调料

鲜汤、盐、味精、豆粉各适量。

做法

1. 鸡枞菌切片余水，青瓜去皮切片，另用一部分青瓜榨汁待用。
2. 炒锅注入青瓜汁、鲜汤，调入盐、味精，再投入青瓜片和鸡枞菌片，烧入味后勾入豆粉，起锅装盘即可。

特点

色泽碧绿，汤清味美。

- - - - - - - - - -

操作要领：青瓜汁下锅后不宜烧太久。

JIANGBAOJIZONGJUN
酱爆鸡枞菌

主辅料
鸡枞菌、尖椒、
姜蒜片。

调料
酱油、甜面酱、
味精、豆粉、精
炼油各适量。

做法
1. 鸡枞菌切1厘米见方的丁，尖
   椒切1厘米长的节。
2. 炒锅烧油至四成熟，鸡枞丁加
   酱油、豆粉码好下锅滑散，倒
   入尖椒节，沥油，调入甜面酱、
   姜蒜片炒香，再调入味精起锅
   装盘即可。

特点
味道鲜甜香脆，
鸡枞菌肉厚肥硕。

操作要领：掌握好
甜面酱的用量，使
成菜呈棕红色。

BAOZHIYANGDUJUN

鲍汁羊肚菌

 主辅料

羊肚菌、圣女果、西兰花、独蒜、虾糁、鲍汁、蛋清糊、姜、葱。

调料

盐、鸡汁、鲜汤、料酒、水豆粉、鸡油、精炼油各适量。

做法

1. 将羊肚菌去柄留肚入沸水氽制后用手挤出水分，肚内抹上鸡蛋清糊，酿进虾糁，使羊肚菌涨起来，再放入沸水中用微火煮制2分钟，捞起待用。

2. 圣女果去蒂，西兰花改刀成朵入沸水中氽熟待用，独蒜去蒂，入六七成热的油锅内炸制成金黄色，捞起待用。

3. 锅置火上，放入鸡油，下姜葱炒香，掺入鲜汤，放入盐、料酒、鸡汁、鲍汁调好味，倒入炸好的独大蒜，煮好的羊肚菌烧制入味，勾上水豆粉起锅装盘，摆成形，西兰花、圣女果摆置在羊肚菌周围，浇汁即成。

特点

味美适口，大众口味。

- - - - - - - - - -

操作要领：羊肚菌在酿虾糁前一定要挤干水分，以免虾糁从羊肚菌中脱落。

187

HUAXIEDUNYANGDUJUN

花蟹炖羊肚菌

主辅料

花蟹、羊肚菌、姜、葱。

调料

盐、料酒、味精、胡椒粉、鸡油、鲜汤各适量。

做法

1. 花蟹去肺腮、洗净、剁块，羊肚菌用温热水泡涨洗净。
2. 炒锅下鸡油，放入姜、葱炒香，掺鲜汤，下花蟹，羊肚菌大火烧沸，调入料酒、盐、胡椒粉，倒入煲内，移置小火炖30分钟，加味精，拣去姜葱即可。

特点

汤色乳白，味道鲜美。

- - - - - - - - - -

操作要领：鲜汤一次掺足，小火慢炖。

思乡喇叭菌

SIXIANGLABAJUN

 主辅料

喇叭菌、鲜鸡汁、鱼肉、羊肉、猪肉、青红小米椒丁、白果仁、蒜片、葱节、姜片。

调料

老干妈豆豉、甜面酱、盐、味精、水豆粉、料酒、精炼油各适量。

做法

1. 将喇叭菌洗净去蒂，改刀成丁，入沸水氽制待用，白果仁氽水待用。
2. 将鸡肉、鱼肉、羊肉、猪肉分别剁成丁，码上盐、料酒、水豆粉入油锅内滑散捞起待用。
3. 锅置火上，放入精炼油，下姜蒜炒香，倒入老干妈豆豉、甜酱炒出色再倒入滑散子的肉丁，喇叭菌丁、青椒、红椒丁、葱节炒香熟透，调入盐、味精和匀，勾上水豆粉起锅装盘即成。

鞭炮虫草

BIANPAOCHONGCAO

 主辅料

蛋清、姜葱、虫草。

调料

鲜汤、精盐、料酒、豆粉、精炼油各适量。

做法

1. 虫草加盐、料酒、姜葱、鲜汤上笼蒸30分钟。
2. 将虫草沾上蛋清、豆粉，入六成热的油锅中，炸成金黄色起锅摆盘即成。

麻花煸喇叭菌

主辅料

喇叭菌、麻花、青椒、面包糠、生菜叶、干辣椒节、全蛋糊。

调料

花椒粒、盐、味精、香油、精炼油各适量。

做法

1. 喇叭菌切"一"字条用盐码味、沾全蛋糊、裹面包糠，青椒切条。
2. 精炼油烧至六成热，下喇叭菌炸至外酥内熟且色泽金黄，沥油，炒锅留少许油，下干辣椒节、花椒粒炒香，投入喇叭菌、青椒略炒，调入味精、香油炒匀，下麻花起锅装盘即成。

特点

麻辣鲜香，味美酥脆。

操作要领：此菜宜用小火煸炒。

SHUIDANZHENGKUAIJUN
水蛋蒸块菌

 主辅料

中国块菌、鸡蛋、葱花。

调料

盐、料酒、味精、胡椒粉、化鸡油、鲜汤各适量。

做法

1. 中国块菌洗净去皮后剁细。
2. 鸡蛋磕入碗中加鲜汤、盐、料酒、胡椒粉、味精、化鸡油、块菌拌匀，上笼蒸熟取出，撒上葱花即可。

特点

嫩滑适口，营养丰富。

- - - - - - - - - - -

操作要领：用小火蒸蛋。

191

芙蓉老人头菌

 主辅料

老人头菌、鸡脯肉、
鸡蛋、番茄。

调料

盐、料酒、味精、胡椒
粉、水豆粉、化猪油、
姜葱水各适量。

做法

1. 鸡脯肉用刀背捶蓉，加姜葱水、水豆粉、鸡蛋清、
   盐、料酒、胡椒粉、味精搅成鸡浆。
2. 老人头菌剁蓉，番茄切片待用。
3. 炒锅炙好，下化猪油，再将菌蓉拌入鸡浆后倒
   入炒锅，炒至成雪花状起锅装盘，用番茄片围
   边即成。

灵芝蒸南瓜

 主辅料

去皮南瓜、灵芝。

调料

盐适量。

做法

1. 洗净的南瓜切段，修整齐，切成片；取一蒸盘，
   摆放上南瓜片，放好灵芝，待用。
2. 蒸锅中注入适量水烧开，放入切好的南瓜，撒上
   少许盐。
3. 盖上锅盖，中火蒸约 15 分钟至熟。揭开锅盖，
   取出蒸好的南瓜，待凉即可食用。

GUOSHULAORENTOU

果蔬老人头

主辅料

老人头菌、西芹、哈密瓜、甜椒、姜片、蒜片。

调料

化鸡油、盐、味精、三花蛋奶、水豆粉、香油、胡椒粉、鲜汤各适量。

做法

1. 老人头菌改刀成菱形块，西芹去筋改刀成菱形块，甜椒改刀成菱形块一起入沸水中余制待用，哈蜜瓜去皮去籽改刀成菱形块待用。

2. 锅置火上放入化鸡油，下姜蒜片炒香，倒入余好的老人头菌、西芹、甜椒、改好刀的哈密瓜炒香炒熟，烹入用盐、味精、三花蛋奶、水豆粉、香油、胡椒粉、鲜汤调制的味汁，收汁亮油，起锅装盘即成。

特点

色彩丰富，营养搭配合理。

- - - - - - - - - - - - -

操作要领：余制西芹时，沸水内稍加点油，可以保持绿色素不流失。

姜汁老人头菌

主辅料

老人头菌、姜。

调料

盐、味精、香油、保宁醋、鲜汤各适量。

做法

1. 老人头菌切片余水摆盘待用，姜去皮剁蓉。
2. 用调味碗，放盐、味精、姜末、鲜汤、保宁醋、香油搅匀，淋在主料上即成。

特点

嫩滑爽口，蒜香味十足。

- - - - - - - - - - - - - - - -

操作要领：老人头菌一定要用清水洗去泥沙，余水时间不可太久。

老人头拌牛筋

LAORENTOUBANNIUJIN

 主辅料

老人头菌、鲜牛筋、甜椒、青椒、猪皮、整姜、葱。

调料

芝麻酱、盐、味精、香油、鲜汤、料酒各适量。

做法

1. 将鲜牛筋、猪皮洗净放入小盆内，加入姜、葱、料酒、鲜汤、盐、味精，用锡箔纸封好盆口，上笼蒸制6小时，使猪皮、牛筋溶于鲜汤内，去掉姜葱，放置一边晾凉，即成牛筋冻，再用刀将牛筋冻改成筷子条，放入拌瓢内。
2. 将老人头菌改刀成筷子条，甜椒、青椒改刀成筷子条，一起入沸水中煮熟放入拌瓢内待用。
3. 拌瓢内放入盐、芝麻酱、鲜汤、香油、味精和匀，放置盘内，拼摆成形即成。

特点

嫩滑爽口，开胃下饭。

- - - - - - - - -

操作要领：蒸制牛筋冻时，时间一定要长，以免影响质地和形状。

195

NIUGANJUNCHAOROUPIAN
牛肝菌炒肉片

主辅料

牛肝菌、猪瘦肉、姜丝、熟青菜。

调料

盐、料酒、味精、淀粉、油各适量。

做法

1. 牛肝菌洗净，切片；猪肉洗净，切成片。
2. 猪肉放入碗内，加入料酒、淀粉，用手抓匀稍腌。
3. 油锅置旺火上烧热，放入姜丝煸出香味，投入猪肉片炒至断生，加入盐、牛肝菌，然后加入味精炒匀，装盘后摆上熟青菜即成。

特点

嫩滑爽口，开胃下饭。

操作要领：牛肝菌切片要均匀。

芝麻黑虎掌

ZHIMAHEIHUZHANG

 主 辅 料

黑虎掌、火腿肠、青椒、红椒、炒鸡蛋、威化纸、芝麻、蒜米、葱花、鸡蛋清。

调 料

盐、豆粉、化猪油、精炼油各适量。

做 法

1. 黑虎掌改刀成二粗丝，余水待用，火腿肠、青椒、红椒切成二粗丝。
2. 锅置火上，放入精炼油烧至四成熟，下蒜米香、再下黑虎掌丝，青椒、红椒丝、火腿汤丝炒熟，放入葱花、炒鸡蛋、鸡油作为馅心。
3. 将馅心用威化纸裹成卷，沾上蛋清、豆粉，再沾上芝麻，入六成热的油锅中，炸成金黄色起锅摆盘即成。

牛肝菌蒸蛋

NIUGANJUNZHENGDAN

 主 辅 料

鸡蛋、牛肝菌、葱花。

调 料

盐各适量。

做 法

1. 洗净的牛肝菌切粗条。
2. 取一碗，打入鸡蛋，加入盐，搅散。倒入适量温水，加入牛肝菌，拌匀。
3. 蒸锅注入适量水烧开，放上碗。加盖，用中火蒸10分钟，至食材熟透，撒上葱花即可。

老干妈牛肝菌

 主 辅 料

牛肝菌、青椒、红椒、面包糠、老干妈豆豉酱、全蛋糊。

 调料

盐、味精、香油、精炼油各适量。

🍲 做 法

1. 牛肝菌切片、用盐码味后沾全蛋糊裹面包糠，青、红椒切菱形片。
2. 炒锅放精炼油烧至七成热，下牛肝菌炸至外酥内熟，放入青、红椒略炸，过油。炒锅里下老干妈豆豉酱炒香，投入牛肝菌、青椒、红椒，调入味精、香油炒转起锅即成。

黑虎掌菌土豆泥

 主 辅 料

黑虎掌菌、土豆、小米椒、尖椒、葱花。

 调料

盐、味精、料酒、化猪油、水豆粉、鲜汤各适量。

🍲 做 法

1. 黑虎掌菌切粒，小米椒、尖椒切小圆圈，土豆去皮上笼蒸熟，用菜刀压成泥状。
2. 炒锅置火口上，放清水烧沸，加盐、料酒，下黑虎掌菌氽一下水。
3. 炒锅下化猪油、土豆泥、黑虎掌菌粒、盐、味精炒香起锅，装入蒸碗，上笼蒸5分钟，取出翻盘中。
4. 炒锅放少许化猪油，下小米椒、尖椒圆圈炒香，掺鲜汤，调入盐、味精，水豆粉勾二流芡，淋在土豆上，撒葱花即可。

HUAXIANGFEITENGHUZHANGNIULIU

花香沸腾虎掌牛柳

主辅料

黑虎掌菌、牛柳、
银芽、芹菜节、
玫瑰花、香菜、
干辣椒、葱节、
大蒜片、姜片。

调料

盐、味精、胡椒
粉、十三香、料
酒、香精、花椒、
混合油、豆粉各
适量。

做法

1. 将黑虎掌改刀成斧头片，牛柳切成
   厚片，再用刀拍成薄片，码上盐、
   料酒、味精、豆粉待用。
2. 将银芽、芹菜节，葱节码上盐、
   十三香、味精、胡椒粉、香精，放
   入容器内待用。
3. 锅置火上放入清水，放盐、味精，
   烧沸将码好的牛柳、黑虎掌余散捞
   起放于容器内银芽面上。
4. 锅置火上放入混合油，烧至四至五
   成热放入干辣椒、花椒，炸至呈棕
   红色，直接倒入容器内，使之能将
   生银芽未熟的牛柳、直接在器皿内
   烫熟，撒上玫瑰花瓣、香菜即成。

特点

麻辣鲜香，带
着淡淡的花香。

操作要领：油要
放足，注意好油
温，以免牛柳烫
不熟。

黑虎菌烧牛肉

HEIHUJUNSHAONIUROU

主辅料

黑虎掌、牛腱子肉、青椒、红椒、洋葱、姜米、蒜米。

调料

盐、鸡精、十三香、豆瓣、泡椒、白糖、鲜汤、鸡油、胡椒粉、精炼油各适量。

做法

1. 黑虎掌改刀成5厘米大小的块，汆水待用；青椒、红椒、洋葱改刀成菱形块；牛腱子肉切成5厘米大小的块，制成红烧牛肉待用。

2. 锅置火上，放入精炼油烧至四成热，下泡椒、豆瓣、姜、蒜米炒香出色，掺鲜汤，调入盐、鸡精、十三香、白糖、胡椒粉烧沸，下入黑虎掌和红烧牛肉入味，下青椒、红椒和洋葱块，淋入鸡油，起锅装盘即成。

特点

牛肉耙软，黑虎菌鲜美。

操作要领：黑虎掌切块不要太大。红烧牛肉一定要烧熟软。

Part 4

汤菜篇

BAILUOBOZHUSUNSHUIYATANG

白萝卜竹荪水鸭汤

 主辅料

鸭肉、白萝卜、
水发竹荪、葱结、
姜片。

 调料

盐、味精、鸡粉、
胡椒粉、料酒。

 做法

1. 将去皮洗好的白萝卜切块；竹荪择去
   蒂；洗净的鸭肉斩块。
2. 水烧开，倒入鸭块氽至断生，捞出。
3. 用油起锅，放入洗好的葱结、姜片爆
   香，倒入鸭块炒匀，淋入料酒炒香。
4. 加入足量清水，加盖煮沸，揭盖，倒
   入白萝卜和竹荪煮沸。
5. 将白萝卜、鸭肉、竹荪及汤汁一起倒
   入砂煲中，加盖大火烧开，改小火炖
   40分钟至鸭肉酥软。
6. 揭盖，加入盐、味精、鸡粉、胡椒粉
   调味即可。

特点

汤白味浓，风
味独特。

- - - - - - - - - - -

操作要领：炖鸭
肉时，加入少许
大蒜和陈皮一起
煮，不仅能有效
去除鸭肉的腥
味，且还能为汤
品增香。

西洋参竹荪土鸡汤

 主辅料

竹荪、老鸡、西洋
参、红枣、大葱、
老姜、葱花。

调料

料酒、盐各适量。

做法

1. 将竹荪冷水泡发 30 分钟，去掉杂质，挤干水分；
   西洋参清洗干净备用。
2. 把鸡剁成块后清洗干净，在沸水中煮开，沥干
   水分。
3. 锅中油五成热后，放入鸡块、料酒、姜块，大火
   炒出鸡油；将炒好的鸡块放入炖锅，加入半锅开
   水、西洋参，大火煮开，转小火炖 2 小时。
4. 再放入竹荪、红枣煲 30 分钟，起锅时放入盐和
   葱花调味。

虫草花鸽子汤

 主辅料

鸽子肉、水发虫草
花、姜片、葱段。

调料

盐、鸡粉、胡椒粉、料
酒各适量。

 做法

1. 砂锅注水烧热，倒入鸽子肉、虫草花；放入姜片、
   葱段，淋入适量料酒。
2. 烧开后用小火煮约 1 小时至食材熟透。
3. 加入盐、鸡粉、胡椒粉，搅匀调味。盛出煮好的
   鸽子汤即可。

ZHUSUNXIANGUTANG

竹荪鲜菇汤

 主辅料

竹荪、鲍鱼菇、
香菇、姜丝、芹
菜末。

调料

盐各适量。

做法

1. 竹荪洗净后，将之加水浸泡软
   化，再切小段备用。
2. 鲍鱼菇将梗切下，再对半切，
   其余部分切片；香菇切片备用。
3. 起水锅，放入竹荪、姜丝、鲍
   鱼菇、香菇及香菇水一起熬煮。
   最后加盐调味，撒上芹菜末，
   即可起锅食用。

特点

汤清色淡，滋味
鲜美。

- - - - - - - - - - - - - - - -

操作要领：竹荪要
事先泡发洗净。

ZHUSUNZIBAODUNTUJI

红枣竹荪莲子汤

 主 辅 料

红枣、水发竹荪、水发莲子。

 调 料

冰糖适量。

 做 法

1. 砂锅注水，倒入泡好洗净的莲子、竹荪和洗好的红枣。
2. 加入冰糖拌匀，加盖用大火煮开，转小火续煮 40 分钟至食材熟软。
3. 揭盖，关火后盛出甜汤，装碗即可。

特点

香味浓郁，滋味鲜美。

- - - - - - - - -

操作要领：红枣可事先去除枣核，这样更方便食用。

枇杷虫草花老鸭汤

 主辅料

鸭肉、虫草花、
百合、枇杷叶、
南杏仁、姜片。

调料

盐、鸡粉、料酒各适量。

做法

1. 鸭肉斩成小块，备用。锅中注水烧热，放入鸭块，搅匀。加入少许料酒，煮至沸汆去血水。汆煮好的鸭块捞出，待用。
2. 锅中注水烧开，放入鸭块。放入枇杷叶、百合、南杏仁、姜片。加入虫草花，搅匀，再放入适量料酒。
3. 盖上盖，烧开后小火炖1小时至食材熟透。揭盖，放入盐、鸡粉。撇去汤中浮沫，搅拌匀，煮至入味。将炖好的汤料盛出，装入碗中即可。

虫草花榛蘑猪骨汤

 主辅料

排骨、水发榛蘑、
水发香菇、虫草花、
枸杞、姜片。

调料

盐、鸡粉、胡椒粉各
适量。

做法

1. 洗净的榛蘑撕去根部；锅中注水烧开，放入洗净的排骨，汆煮片刻，盛出，沥干水分。
2. 砂锅中注水烧热，倒入排骨、榛蘑、香菇、虫草花、姜片、枸杞，拌匀。
3. 大火煮开后转小火煮1小时至有效成分析出。
4. 加入盐、鸡粉、胡椒粉，稍稍搅拌至入味即可。

CAOGUZHUSUNTANG

草菇竹荪汤

 主辅料

草菇、竹荪、上海青。

 调料

盐、味精各适量。

 做法

1. 草菇洗净，用温水焯过后待用；竹荪洗净；上海青洗净。
2. 锅置于火上，注油烧热，放入草菇略炒，注水煮沸后下入竹荪、上海青。
3. 再至沸时，加入盐、味精调味即可。

特点

味道鲜美，汤汁清淡。

操作要领：泡发竹荪时也可以用一些淡盐水，发好后，要剪掉竹荪封闭的那一端，以免有怪味影响口感。

山珍煲老鸡

主辅料

老鸡、上海青、滑子菇、冬笋片、水发木耳、红枣、枸杞。

调料

盐、鲜汤各适量。

做法

1. 上海青洗净，撕块；滑子菇洗净；水发木耳洗净切片；红枣、枸杞均洗净；鸡处理干净。
2. 油烧热，加鲜汤、鸡煮开，再入上海青、滑子菇、冬笋片、木耳、红枣、枸杞同煮，调入盐，起锅装碗即可。

特点

汤色乳白，味道鲜美。

操作要领：土鸡要去掉鸡屁股、鸡肺。

CHASHUGULIANZIDUNRUGE

茶树菇莲子炖乳鸽

 主辅料

乳鸽块、水发莲
子、水发茶树菇。

调料

盐、鸡粉各适量。

做法

1. 陶瓷内胆放入洗净的乳鸽、泡
   好的茶树菇和莲子，注适量清
   水，加盐、鸡粉拌匀。
2. 取养生壶，通电后放入内胆，
   盖上内胆盖。壶内注适量水，
   盖上壶盖。按下"开关"，选
   择"炖补"图标，炖200分钟
   至食材熟软。
3. 断电后揭开壶盖和内胆盖，将
   炖好的汤品装碗即可。

特点
成菜丰富，制
作简单，营养
丰富。

操作要领：要去
掉莲子心，以取
莲子肉为佳。

CHONGCAODUNLAOYA

虫草炖老鸭

主辅料

冬虫夏草、老鸭、姜片、葱花。

调料

胡椒粉、盐、陈皮末、味精各适量。

做法

1. 将冬虫夏草用温水洗净；鸭处理干净斩块，再将鸭块放入沸水中焯去血水，然后捞出。
2. 将鸭块与虫草先用大火煮开，再用小火炖软后加入姜片、葱、陈皮末、胡椒粉、盐、味精，拌匀即可。

特点

虫草久炖不烂，口感柔绵，鸭肉软糯，汤味鲜醇。

操作要领：以小火慢炖，使虫草有效成分析出，有利于人体吸收。

猴头菇干贝乳鸽汤

 主辅料
乳鸽肉、猴头菇、
干贝、枸杞。

 调料
盐适量。

做法

1. 乳鸽肉洗净，斩件；猴头菇洗净；枸杞、干贝均洗净，浸泡10分钟。
2. 锅入水烧沸，放入鸽肉稍滚5分钟，捞起洗净。
3. 将干贝、枸杞、鸽肉放入砂煲，注水烧沸，放入猴头菇，改小火炖煮2小时，加盐调味即可。

操作要领：干猴头菇适宜用水泡发而不宜用醋泡发，泡发时先将猴头菇洗净，然后放在冷水中浸泡一会儿，再加沸水入笼蒸制或入锅焖煮。

猴头菇花胶汤

 主辅料
花胶、猴头菇、猪
肉、淮山、枸杞、
姜、葱。

调料
盐适量。

 做法

1. 猴头菇、花胶用水浸泡一晚发好。
2. 将花胶和猪肉切块，焯水（水里放些姜葱去腥）。
3. 将焯好水的花胶和猪肉与其他材料一起入炖盅，盖好盖子文火炖3小时就行了。
4. 出锅后根据自己的口味适当加盐调味。

CHONGCAOHONGZAODUNJIAYU

虫草红枣炖甲鱼

(主辅料)

甲鱼、冬虫夏草、
红枣、葱、姜片、
蒜瓣、鸡汤。

(调料)

料酒、盐、各适量。

(做法)

1. 甲鱼处理干净切块；冬虫夏草
   洗净；红枣泡发。
2. 将块状的甲鱼放入锅内煮沸，
   捞出备用。
3. 甲鱼放入砂锅中，上放虫草、
   红枣，加料酒、盐、葱、姜、
   蒜、鸡汤炖2小时，拣去葱、
   姜即成。

特点

滋补养生，营养
丰富。

- - - - - - - - - - - - - -

操作要领：甲鱼死
后体内的组胺酶大
量分解出组胺，故
死甲鱼不宜食用。

CHONGCAOHUAHOUTOUGUZHUSUNTANG

虫草花猴头菇竹荪汤

 主辅料

虫草花、猴头菇、
竹荪汤包（虫草
花、猴头菇、竹
荪、淮山药、太
子参）、瘦肉。

调料

盐适量。

做法

1. 猴头菇用清水泡发30分钟；
   虫草花、太子参、淮山药一起
   用清水泡发10分钟；竹荪用
   清水泡发10分钟。分别捞出
   泡好的食材，沥干待用。
2. 沸水锅中放入瘦肉块，余去血
   水和脏污，捞出沥干。
3. 砂锅注入适量清水，倒入瘦肉、
   猴头菇、竹荪、虫草花、太子
   参和淮山药，搅拌均匀。加盖
   大火煮开后，转小火煮2小时
   至食材有效成分析出。加入盐
   搅匀调味即可出锅装碗。

特点

口感鲜美，滋
补养生。

- - - - - - - - - - -

操作要领：这道
汤还可放一些蔬
菜同煲，比如莲
藕、马蹄、冬瓜、
甜玉米。

菌菇冬笋鹅肉汤

 主辅料

鹅肉、茶树菇、
蟹味菇、冬笋、
姜片、葱花。

 调料

盐、鸡粉、料酒、胡椒
粉、食用油各适量。

做法

1. 洗净食材。茶树菇切去老根切段，蟹味菇切去老
   茎，冬笋去皮切片。
2. 砂锅注水烧开，倒入氽过水的鹅肉、姜片和料酒，
   加盖烧开，转小火炖 30 分钟。
3. 倒入茶树菇、蟹味菇、冬笋片，加盖小火炖 20
   分钟，加盐、鸡粉、胡椒粉调味即可。

金针菇冬瓜汤

 主辅料

冬瓜、金针菇、
姜片、葱花。

 调料

盐、鸡粉、胡椒粉、食
用油各适量。

做法

1. 冬瓜洗净去皮切片，金针菇洗好切去根部。
2. 锅中注水烧开，倒入油、姜片、盐、鸡粉和冬瓜
   片煮 2 分钟至七成熟。
3. 下入金针菇，续煮 90 秒至食材熟软。撒入适量
   胡椒粉调味。放入葱花拌匀，即可出锅。

CHONGCAOHUAYAOZHUPAIGUTANG

虫草花瑶柱排骨汤

 主辅料

虫草花、瑶柱、排骨汤汤料包（虫草花、瑶柱、杜仲、枸杞、芡实、黑豆）、排骨。

调料

盐适量。

做法

1. 黑豆泡发2小时；杜仲、芡实泡发10分钟；瑶柱泡发10分钟；虫草花、枸杞泡发10分钟。

2. 捞出泡好的虫草花、枸杞，沥干水分；捞出泡好的杜仲、芡实，沥干水分；捞出泡好的瑶柱，沥干水分；捞出泡好的黑豆，沥干水分。沸水锅中倒入洗净的排骨，氽煮，捞出沥干。

3. 砂锅中注水，倒入排骨；放入黑豆、瑶柱、杜仲、芡实。大火煮开后转小火续煮100分钟。加入泡好的虫草花、枸杞，煮约20分钟至食材熟软。揭盖，加盐，搅匀调味；关火后盛出煮好的汤，装碗即可。

特点

滋味鲜美，营养丰富。

操作要领：杜仲口感不佳，不建议食用，可放入隔渣袋中。

215

JINZHENGUJINQIANGYUTANG

金针菇金枪鱼汤

 主辅料

金枪鱼肉、金针菇、西兰花、天花粉、知母、姜丝。

 做法

1. 将天花粉和知母放入棉布袋；鱼肉洗净；金针菇、西兰花洗净，剥成小朵备用。
2. 清水注入锅中，放棉布袋和全部材料煮沸，取出棉布袋，放入姜丝和盐调味即可。

调料

盐各适量。

特点

非常美味又富有营养。

操作要领：也可用金枪鱼罐头。

216

JINZHENGUYUTOUTANG

金针菇鱼头汤

 主辅料

鱼头、金针菇、姜、葱。

🧂 调料

味精、盐各适量。

🍲 做法

1. 鱼头处理干净，对切；金针菇洗净，切去根部。
2. 起油锅，入鱼头煎黄。
3. 另起锅下入高汤，加入鱼头、金针菇，煮至汤汁变成奶白色，加入调味料稍煮即可。

特点

滋补养生，美味又营养。

- - - - - - - - -

操作要领：挑选鱼头质量好的。

NONG TANG XIANG GU WEI NIU WAN

浓汤香菇煨牛丸

 主 辅 料

牛肉、香菇、上
海青、滑子菇、
火腿、蛋清。

调 料

生抽、胡椒粉、
淀粉各适量。

做 法

1. 牛肉洗净切蓉，加生抽、蛋清
   搅至起胶，挤成丸子。
2. 滑子菇、香菇、火腿分别洗净
   切片。
3. 锅中加水烧开，下牛肉丸煮沸，
   再放滑子菇、香菇、火腿煨熟，
   加入上海青稍烫，加胡椒粉调
   味，勾芡即可。

特点
汤色乳白，滋
味鲜美。

操作要领：香菇
要事先泡发。

XIANGGUDUNJI

香菇炖鸡

 主辅料

干香菇、鸡、葱
段、姜片、枸杞。

调料

盐、米酒各适量。

做法

1. 将干香菇用温水洗净后，放入热水中泡开，香菇
   水留着备用。
2. 鸡洗净、切块，放入沸水中余烫，捞出备用。
3. 锅内放入葱段、姜片、香菇、香菇水和鸡肉，用
   大火烧开，捞起浮沫。
4. 加入米酒和枸杞，转小火炖30分钟至鸡肉熟烂，
   再加入盐调味即可。

MOGUDOUHUATANG

蘑菇豆花汤

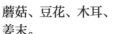 主辅料

蘑菇、豆花、木耳、
姜末。

调料

盐、高汤、食用油各
适量。

做法

1. 蘑菇、木耳各洗净、切碎。
2. 锅中放少许油烧热，加入姜末爆香，接着下蘑
   菇、木耳翻炒后，加高汤煮开，再加入豆花焖煮
   3分钟，最后加盐调味即可。

SHAGUOXIANJUNTANG
砂锅鲜菌汤

主辅料

鹅蛋菌、珍珠菌、
鸡腿菌、姬菇菌、
白萝菌、松树菌、
天里菌、红枣、
枸杞、姜。

调料

盐、鸡精各适量。

做法

1.将所有的菌择洗净干水分放入
煲中加水。
2.用旺火烧开后，放入红枣、枸
杞、姜煮开，加入调味料即可。

特点

喝起来鲜美可口，
清淡不油腻。

- - - - - - - - - - - - - - - -

操作要领：各种菌一
定要洗净并且煮熟，
但不可煮得过久。

SHUANGGUGELITANG

双菇蛤蜊汤

 主辅料

蛤蜊、白玉菇段、香菇块、姜片、葱花。

调料

鸡粉、盐、胡椒粉各适量。

做法

1. 锅中注水烧开，倒入洗净切好的白玉菇、香菇和备好的蛤蜊、姜片，拌匀。
2. 加盖，煮约2分钟至食材熟软。
3. 放入鸡粉、盐、胡椒粉拌匀调味。
4. 盛出煮好的汤料，装入碗中，撒上葱花即可。

特点

香菇香气浓郁，白玉菇莹莹如雪，加上蛤蜊的鲜味，光闻味道就已沉醉，入口更是惊喜。

操作要领：买回来的蛤蜊要提前用淡盐水浸泡吐尽泥沙。

三鲜菌汤

 主 辅 料

猴头菌、老人头、
白灵菇。

调 料

盐、鸡精、鲜汤、化鸡
油各适量。

做 法

1. 猴头菌、老人头、白灵菇片成片氽水待用。
2. 锅内掺入鲜汤调入盐、鸡精，下猴头菌、老人
   头、白灵菇炖熟，淋入化鸡油即成。

口蘑灵芝鸭子煲

 主 辅 料

鸭子、口蘑、灵芝。

调 料

盐适量。

做 法

1. 将鸭子洗净，斩块，入沸水锅氽去血水，捞出，
   沥干水分；口蘑洗净切块，灵芝洗净浸泡备用。
2. 煲锅上火倒入水，下入鸭子、口蘑、灵芝，调入
   盐煲至熟即可。

ZAJUNXIANXIATANG

杂菌鲜虾汤

主辅料

金针菇、香菇、杏鲍菇、鲜虾、葱花。

调料

料酒、盐、食用油各适量。

做法

1. 洗净食材。金针菇切去根部，香菇去蒂切小片，杏鲍菇切薄片。
2. 备好电饭锅，注入适量的清水，倒入金针菇、香菇、杏鲍菇、料酒和食用油。
3. 盖上锅盖，按下"靓汤"键，煮20分钟。
4. 打开锅盖，倒入处理好的鲜虾，搅拌匀，按"蒸煮"键，续煮10分钟。
5. 掀开锅盖，放入盐、葱花调味，即可盛入碗中。

> **特点**
>
> 菌香与鲜虾水乳交融，清香、鲜滑，简单又丰富。
>
> ---------------
>
> 操作要领：各种菇一定要用清水反复洗，以去泥沙。

LINGZHIHETAORUGETANG
灵芝核桃乳鸽汤

主辅料
党参、核桃仁、灵芝、乳鸽、蜜枣。

调料
盐适量。

做法
1. 将核桃仁、党参、灵芝、蜜枣分别用水洗净。
2. 将乳鸽处理干净，斩件。
3. 锅中加水，以大火烧开，放入党参、核桃仁、灵芝、乳鸽和蜜枣，改用小火续煲3小时，加盐调味即可。

特点
美味滋补，鸽肉滋味鲜美，肉质细嫩。

操作要领：要选用乳鸽，不要选用老鸽。

LINGZHISHANYAODUZHONGTANG

灵芝山药杜仲汤

 主 辅 料

香菇、鸡腿、灵
芝、杜仲、红枣、
丹参、山药。

调 料

盐适量。

 做 法

1. 鸡腿洗净，入开水中汆烫。
2. 香菇泡发洗净；山药去皮，洗
   净切块；灵芝、杜仲、丹参均
   洗净浮尘，红枣去核洗净。
3. 炖锅放入八分满的水烧开，将
   所有材料入煮锅煮沸，转小火
   炖约 1 小时即可。

特点

清淡味鲜，养
生护肝。

操作要领：削山
药的时候注意不
要黏到手上，以
免发痒。

木瓜银耳汤

 主辅料

木瓜、银耳。

 调料

冰糖适量。

 做法

1. 木瓜去皮洗净，切成小片；银耳洗净，用水泡软备用。
2. 将木瓜、银耳放入锅内，添加适量清水煮4分钟。
3. 放入冰糖，煮至糖熔化即可。

特点

色泽鲜艳，入口甜蜜。

操作要领：要选择果皮完整、颜色亮丽、无损伤的市瓜果实，营养才更丰富。

226

豆香蟹味菇炖猪肉

 主辅料

猪肉、蟹味菇、大葱、去皮胡萝卜、豆浆、罗勒叶。

调料

大酱、黄油、盐、胡椒粉各适量。

做法

1. 大葱切丁，胡萝卜切片。猪肉切块后装碗，放入盐、胡椒粉腌渍入味。
2. 锅中入黄油加热至熔化，放入猪肉、大葱炒香后加水、胡萝卜和蟹味菇。
3. 煮3分钟至熟，将大酱拌入豆浆中熔化，倒入锅中煮1分钟至入味。
4. 盛出汤汁，放上洗净的罗勒叶即可。

灰树花排骨汤

主辅料

排骨、灰树花、姜片。

调料

盐各适量。

 做法

1. 灰树花去蒂去掉表面的浮土，撕成小片入温水中浸泡回软，放入盐浸泡有助于去除泥土；排骨入开水锅中焯去血水。
2. 把焯过水的排骨移入砂锅中，大火烧开；灰树花清洗去泥土，姜切片备用；灰树花及姜片放入排骨汤中；继续煮开，转最小火煲90分钟后，入适量盐调味即成。

豆腐黑木耳浓汤

 主辅料

豆腐、番茄、黑木耳、绿豆芽。

 调料

盐、胡椒粉、鱼高汤各适量。

做 法

1. 豆腐洗净切块；番茄洗净去皮，切瓣；黑木耳洗净，泡发撕片；绿豆芽洗净。
2. 净锅上水烧热，倒鱼高汤，下黑木耳煮开，放入豆腐、番茄煮熟，撒上绿豆芽再煮一会儿。
3. 加盐、胡椒粉调味即可。

黑木耳豆腐汤

 主辅料

嫩豆腐、黑木耳、胡萝卜。

调料

盐、鸡精各适量。

做 法

1. 黑木耳、胡萝卜洗净切丝备用；嫩豆腐洗净，切块备用。
2. 备一锅水煮开后，放入黑木耳、胡萝卜和豆腐。
3. 待熟后，放入适量盐、鸡精调味即可。